U0200339

塌岸淤床动力过程

舒安平　张科利　余明辉　刘海飞　吴保生／著

北　京

内 容 简 介

本书以黄河上游宁蒙河段为研究对象，通过采用野外调查、典型观测、实测资料分析、理论研究、概化模型实验和数学模型等研究方法，系统分析黄河上游典型塌岸河段河岸物质组成、塌岸的分类及时空分布特征，并基于河岸崩塌侵蚀强度特性，提出了塌岸风险评价模型，揭示塌岸引起河道横向演变机制、塌岸淤床动力过程及其与河床冲淤交互作用机理。在此基础上，提出了河岸崩塌量估算模型和塌岸河段水动力学与泥沙输移数学模型，估算了黄河上游宁蒙河段塌岸入黄泥沙数量。对探明黄河上游泥沙主要来源、减缓黄河上游"悬河"形成进程及洪凌灾害、合理开发黄河上游水能资源及丰富河流动力学学科内容具有重要意义。

本书可供河流动力学、河道演变地貌学、河道整治规划与设计、防洪减灾、水土保持及河流生态修复学等领域研究和管理科技人员、高等院校有关专业的师生参考使用。

图书在版编目（CIP）数据

塌岸淤床动力过程／舒安平等著 . —北京：科学出版社，2017. 6
ISBN 978-7-03-045981-7

Ⅰ. 塌…　Ⅱ. ①舒…　Ⅲ. ①塌岸–动力学–研究　Ⅳ. P624. 21

中国版本图书馆 CIP 数据核字（2015）第 238164 号

责任编辑：王　倩／责任校对：邹慧卿
责任印制：张　伟／封面设计：无极书装

科学出版社 出版
北京东黄城根北街 16 号
邮政编码：100717
http://www.sciencep.com

北京建宏印刷有限公司 印刷
科学出版社发行　各地新华书店经销

*

2017 年 6 月第 一 版　开本：720×1000　B5
2017 年 6 月第一次印刷　印张：14 1/2　插页：2
字数：300 000

定价：118.00 元
（如有印装质量问题，我社负责调换）

前　言

　　黄河是一条闻名于世的多沙河流，泥沙问题研究一直是黄河治理中最重要的基础性课题之一，受到了学术界和工程界的高度关注。作为黄河上游泥沙来源及水沙变化最复杂、河道演变最剧烈的典型河段，黄河上游沙漠宽谷河段（又称为宁蒙河段）泥沙来源包括河岸崩塌、风沙入黄和十大孔兑支流高含沙水流等。区域气候敏感、生态脆弱、沙漠和河流过程交织、风沙和水沙过程复合，是沙漠、河流交互演化过程的典型区域，具有独特沙漠河流地貌特征。根据水利部第二次水土流失遥感普查结果，沿半干旱气候带形成自东北向西南分布的风水复合侵蚀带面积约为 26 万 km²，是我国当前土壤侵蚀防治和荒漠化治理的重点和难点所在。20 世纪 60 年代以来，由于区域气候变化、沙漠扩大化及人类剧烈活动的影响，黄河水沙变异加剧、河槽萎缩发展，特别是岸坡的崩塌导致大量良田和耕地丧失的同时，也进一步改变了黄河上游河道水沙的搭配关系，造成大量塌岸泥沙入黄、淤积河床等动力过程的改变，从而加速形成黄河上游 268km 长的"新悬河"，直接影响黄河下游的"悬河"安全，已引起人们的普遍关注。

　　塌岸反映了河道水流动力作用下河岸土体的失稳过程，河岸土体的结构与土质组成的物理特性决定了河岸的抗冲、抗淘能力。世界上几乎所有江河海沙质岸坡均存在不同程度的崩岸现象，如美国密西西比河下游、欧洲莱茵河历史上都多次发生崩岸，我国七大江河也普遍存在崩岸现象。崩岸可能造成的主要危害包括威胁江河大堤的安全、威胁岸边建筑物及农田的安全、增加河道泥沙来量、影响河床冲淤演变和船舶航行等。开展塌岸淤床动力过程系统研究为治黄工程实践所急需，紧迫而重要。

　　塌岸研究的科学意义在于：其一，促进沙漠河流泥沙动力学的发展。河流穿越沙漠，沙漠是河流的重要粗沙沙源，河流是沙漠前移的屏障，也是沙漠粗沙的天然输送通道。河流侧蚀沙漠的塌岸淤床过程对沙漠河流迁徙、河道萎缩、决口改道、壅水倒流、悬河发育等灾害有突出影响，对其研究将会极大地推动沙漠学与河流学的交叉发展，丰富河流动力学研究内容。其二，丰富和完善流域管理学的理论和方法。近年来黄河上游"新悬河"与河槽萎缩伴生，洪涝灾害频发。

沙漠粗沙通过风力搬运或滩岸坍塌直接入黄，或者以风-洪输移方式通过十大孔兑等支流入黄，因此，黄河流域泥沙科学管理至关重要。其三，为土壤侵蚀科学发展做贡献。黄河上游宁蒙河段塌岸严重，沿岸农田受到严重侵蚀。塌岸的研究可以丰富土壤侵蚀学的研究理论，对水土保持工作具有实际指导意义。

鉴于此，科学技术部于 2011 年把"黄河上游沙漠宽谷段风沙水沙过程与调控机理（No 2011CB403300-G）"列为国家重点基础研究发展计划（973 计划）项目。本书汇集了该项目课题 4——塌岸淤床过程与河道冲淤演变规律（No 2011CB403304）中子题 1（塌岸形成机理及入黄泥沙量预测模型）和子题 2（塌岸与河床冲淤的交互作用过程及机理）的主要研究成果，通过采用野外调查、典型观测、实测资料分析、理论研究、概化实验及数值模拟等研究方法，结合河流动力学、土力学、地学、水土保持学等多学科知识理论，从黄河上游典型河段水动力作用下河岸崩塌侵蚀过程入手，探索黄河上游塌岸对黄河泥沙来量的贡献率，阐明塌岸与河床冲淤的交互作用机理，揭示塌岸淤床动力过程及河道演变机制，对探明黄河上游泥沙主要来源、减缓黄河上游"悬河"形成进程及洪凌灾害、合理开发黄河上游水能资源及丰富河流动力学学科内容具有重要意义。

本书共 13 章内容，其中第 3 章 GPS 观测部分和第 6 章塌岸侵蚀风险评估模型由张科利、王静主笔，第 9 章模拟实验及第 10~12 章与实验相关内容由余明辉、陈曦主笔，第 13 章数学模型由刘海飞主笔，其他章节由舒安平主笔并统稿全书，吴保生教授对本书编写提出了宝贵的意见。参加课题研究的主要人员包括段国胜、李芳华、周星、田露、高静、张欣、杨凯、黄莉、王澍、孙江涛、王梦瑶、陈浩等。另外在本书编写过程中，还得到了中国科学院寒区旱区环境与工程研究所拓万全研究员和黄河水利科学研究院姚文艺教授级高级工程师、张晓华教授级高级工程师的悉心指导与大力支持，在此一并致谢。

限于作者的水平，本书疏漏之处在所难免，特别是有一些塌岸现场观测数据尚未来得及仔细校准和推敲，敬请读者批评指正。

作　者
2016 年 12 月

目　　录

第1章 绪 论

1.1 黄河上游宁蒙河段概况

黄河上游宁蒙河段（又称黄河上游沙漠宽谷河段）位于黄河上游的下段，上起宁夏中卫市、下迄内蒙古托克托县，穿越 25 个市、县（旗、区），总长约 1000km，平均比降为 0.25‰，属于典型的冲积河流。沿河共分布有下河沿、青铜峡、石嘴山、巴彦高勒、三湖河口、昭君坟、头道拐 7 个水文站，如图 1-1 所示。该河段属于黄河上游二级阶地，黄河出青铜峡后，沿鄂尔多斯高原的西北边界流动，穿越腾格里沙漠、河东沙地、乌兰布和沙漠、库布齐沙漠四大沙漠，以

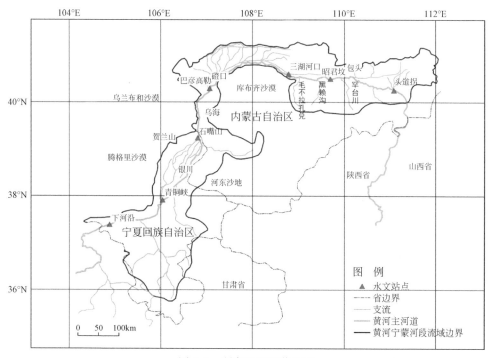

图 1-1 研究区地理位置图

及宁夏平原、河套平原两大平原，同时流经中卫盆地、中宁盆地、银川盆地和河套盆地等大型的断陷盆地，形成了沙漠包围河流的独特地貌景观，沙漠和河流过程交织、风蚀和水蚀过程交错、风沙和水沙过程复合，是我国乃至世界上地表风水复合侵蚀强度最大的区域。

受两岸地形、物质组成及气候条件的影响，黄河上游宁蒙河段河型多样，在宁夏境内沿程有卵石质辫状河段，在经过青铜峡库区后变为砂砾质辫状河段，然后变为砂质辫状河段，在内蒙古境内沿程由辫状河段变为弯曲河段，在末段变为顺直河段。除了较短的峡谷段及三湖河口以下弯曲窄深河段外，其余河道表现出淤型游荡河道的特点，其沿程基本特性见表1-1。

表1-1 黄河上游宁蒙河段河道基本特性

河段	河型	河长/km	平均河宽/m	主槽宽/m	比降/‰	弯曲率
南长滩—下河沿	峡谷型	62.7	200	200	0.87	1.8
下河沿—白马	非稳定分汊区	82.6	915	520	0.8	1.16
青铜峡库区	库区	40.9	—	—	—	—
青铜峡—石嘴山	游荡型	194.6	3000	650	0.18	1.23
石嘴山—旧磴口	峡谷型	86.4	400	400	0.56	1.5
三盛公库区	过渡型	54.2	2000	1000	0.15	1.31
巴彦高勒—三湖河口	游荡型	221.1	3500	750	0.17	1.28
三湖河口—昭君坟	过渡型	126.4	4000	710	0.12	1.45
昭君坟—头道拐	弯曲型	184.1	上段3000/下段2000	600	0.1	1.42

1.2 任务由来及研究内容

1.2.1 塌岸问题及研究意义

黄河上游岸坡崩塌的主要危害包括威胁黄河大堤的安全、威胁岸边建筑物的安全，以及大量耕地的流失；同时，崩岸是河道泥沙的主要来源之一，造成河床演变的变化。20世纪60年代以来，由于黄河流域区域气候变化、沙漠扩大化及人类剧烈活动的影响，黄河上游水沙变异加剧、河槽萎缩发展；特别是岸坡的崩塌导致大量良田和耕地丧失的同时，也进一步改变了黄河上游河道水沙搭配关系，造成大量塌岸泥沙入黄、淤积河床等动力过程的发生，从而加速了形成黄河上游 268km 长的"新悬河"，直接影响黄河下游的"悬河"安全，已引起人们的普遍关注。因此，开展黄河上游塌岸动力过程及机理的研究意义重大。

1.2.2　研究内容

本书汇集了国家 973 计划项目"黄河上游沙漠宽谷段风沙水沙过程与调控机理（No 2011CB403300-G）"课题 4——塌岸淤床过程与河道冲淤演变规律（No 2011CB403304）中子题 1（塌岸形成机理及入黄泥沙量预测模型）和子题 2（塌岸与河床冲淤的交互作用过程及机理）的主要研究成果，主要研究内容如下：

（1）塌岸形成机理及入黄泥沙量预测模型

通过野外调查、资料分析、遥感影像解译及全球定位系统（global postioning system，GPS）定位测量，对黄河上游塌岸类型和规模进行识别，分析塌岸时空变化与分布特征，提出塌岸风险评估方法，确定重点、典型塌岸河段；通过典型塌岸野外观测及资料分析，研究黄河上游沙漠宽谷河道典型塌岸的形态特征、理化力学特性、塌岸影响因子及侵蚀抗蚀特点，揭示水动力作用下塌岸形成机理；通过河岸稳定性分析及相关理论研究，建立塌岸入黄泥沙模型，估算塌岸入黄泥沙量。

（2）塌岸与河床冲淤的交互作用过程及机理

采用现场调查、观测和实测资料分析方法，研究黄河上游沙漠宽谷河道塌岸与河床冲淤演变的动态关系；通过概化模型实验和理论分析，研究顺直型、弯曲型河道塌岸影响因子和水沙关键因子的不同组合条件下塌岸侵蚀动力过程、河道水沙运动及河床冲淤之间相互作用的机理；在塌岸淤床过程观测资料对比分析基础上，通过塌岸入黄泥沙模型与河道冲淤模型的耦合，构建塌岸与河床冲淤交互作用的模式，分析塌岸淤积床作用。

1.3　河岸崩塌的研究进展

1.3.1　塌岸现场观测方法

国外对于河岸侵蚀的研究起源于 19 世纪中后期，Fergusson（1863）利用历史资料、泥沙生物等资料信息推求河流横向变化。20 世纪 50 年代末，河岸侵蚀及其河势演变逐渐成为交叉领域学者研究的重点，并开始采用野外实测数据进行研究。研究内容主要关注河岸侵蚀的发生发展及其发生原因的复杂性，之后的研究也表明河岸侵蚀过程及机理非常复杂多变。据美国相关部门统计，每年由于河岸侵蚀造成的损失高达 2 亿 7 千万美元，河岸侵蚀的严重危害使得关于河岸侵蚀的研究迅速发展。自 20 世纪 70 年代起，研究者开始关注河流横向变迁与游荡型河流演变、河漫滩消长及流域泥沙来源的动态相关关系。Hooke（1979）定性地对河岸侵蚀过程进行讨论并分析影响河岸侵蚀的因子，并在此基础上建了概念模型。英国学者 Thorne（1982）将河岸侵蚀的原因分为两大类：一类是水流的作用，另一类是外界条件造成的土体强度减弱和风化。在天然条件下，两者往往是同时存在的。其中水流对于河岸的作用分为直接作用和间接作用。前者直接作用于河岸，冲刷河岸上的泥沙颗粒并将其带走；后者是水流冲刷、掏空坡脚，使岸坡的高度或角度增加，从而导致上部的岸壁因重力作用而下落。外界条件包括土质及土体含水量等影响因素。随着计算机技术及河岸侵蚀机理研究的进一步发展，数值模型模拟河岸侵蚀过程逐渐成为河流塌岸研究的重心之一。学者着重研究了河岸稳定程度、河岸安全系数，以及考虑渗流、不同植被覆盖、受冻融作用等影响的河岸侵蚀，但此时关注的河岸多由单层、黏性组成物质构成。

进入 20 世纪 90 年代，结合 80 年代末期形成的河岸稳定性理论，学者开始对不同级别、不同时空领域的河岸侵蚀进行研究。与此同时，野外观测技术的提高也促进了河岸侵蚀研究，大量高科技产品被广泛应用到河岸侵蚀研究中。光电感应侵蚀针、机载激光雷达系统、三维激光扫描仪等技术开始应用于河岸侵蚀监测，并使用高分辨率遥感影像分析大尺度空间区域及时间跨度的河岸侵蚀量动态变化情况等。此外，多层组成物质、非黏性粗颗粒及混合土质等复杂河岸的崩塌侵蚀研究也逐渐得到了发展。

与国外相比，我国关于河岸侵蚀的理论研究起步较晚。20 世纪 70 年代末，中国科学院地理研究所（1978）出版了关于长江九江至河口段河床边界条件及其与崩岸的关系的研究论著。随后，尹国康（1981）、陈引川和彭海鹰（1985）从河道岸坡变形和河流动力学的角度分析了河岸侵蚀的发生条件，但这些研究多局限在经验分析，研究对象也主要集中在长江中下游地区。到 20 世纪 90 年代，我国的河岸侵蚀研究取得了一系列研究成果，主要集中在以下几个方面：①通过实地调查、野外采样分析、水文泥沙资料分析等对河岸侵蚀的类型、原因及机理进行研究；②对河岸侵蚀进行室内实验模拟及数值模型研究；③通过水沙、地形资料研究崩岸与河道演变的关系；④通过水库运行前后固定断面水文泥沙资料分析上游水库调节对崩岸的影响；⑤河岸侵蚀治理研究。研究的关注点从集中于长江中下游干流扩大至黄河、黑龙江等其他河流。

国内外对河岸侵蚀的研究主要有四个方面：河岸侵蚀过程机理研究、河岸侵蚀影响因素研究、河岸侵蚀观测研究和河岸侵蚀的模拟与建模研究。其中河岸侵蚀观测是进行河岸侵蚀机理研究和模拟的基础，在河岸侵蚀研究中具有重要地位。

（1）河岸崩塌几何形态监测

对于大时间尺度的研究，传统的河岸侵蚀监测方法有沉积物特征证据、植物学证据及历史数据资料。Strrkel 和 Thornes（1981）指出需要依据现存的河流沉积序列来建立某一河段的沉积序列，然后利用沉积学证据推算河岸侵蚀量。另有学者用此方法研究了苏格兰和新南威尔士地区的河流塌岸。而对于利用植物学证据研究河岸侵蚀，其研究时间尺度则在 50~1000 年，最初生物学家用该方法来研究河道的横向变化以用来解释冲积平原上的原始森林变化。Eardley（1938）首先用树轮年代来研究河流的变化速度。经后人的努力该方法得到了进一步发展。研究者多倾向于用连续的历史资料来研究河道的演变，此方法的时间尺度为 150 年左右，而且适用于大规模的河流运动，后来此方法多用于河流横向演变过程的研究。对于中时间尺度的研究，传统观测方法主要包括平面测量法 ［图 1-2（a）］、横断面测量法 ［图 1-2（b）］。其中平面测量法的方式有很多，如平板仪、基线测量、准距仪及电子距离测量技术（electronic distance measuring, EDM）。Dryer 和 Davis（1910）首次使用该技术研究河道变化，对比分析了 1897 年和 1910 年前后两次的测量结果，得出该河岸 13 年共后退 12.2m。但平面测量中仅能测出河岸后退的平面距离，为计算河岸侵蚀的三维变化，研究者提出通过建立一系列固定的标志进行断面测量。对于短时间尺度的观测，学者多采用简单易行的侵蚀针测量法 ［图 1-2（c）］进行河岸侵蚀观测。Ireland 等（1939）首次使用该方法，1959 年经 Wolman 改进后，该方法一直应用于河岸侵蚀研究（Wolman，1959）。1989 年 Lawler 将侵蚀针测量法进一步发展为光电子侵蚀针测量法（Lawler，1989），该方法大大减少了野外现场观测的次数，节省了人力物力，使得河岸侵蚀测量方法更加完善，测量结果更加精确。

黑龙江是我国河岸侵蚀研究的发源地，相关研究主要集中在黑龙江河岸的侵蚀特征和分布规律，并且对河流坍塌形态进行了分类，分为土质河岸塌岸形态和岩质河岸塌岸形态，又根据塌岸中的土体形态或者作用机制不同，将土质河岸塌岸形态分为块塌、条塌和窝塌，将岩质河岸塌岸形态分为滑动错动塌岸和重力崩落塌岸。随后，针对河北怀来官厅水库一直以来严重的塌岸问题，宋岳和段世委

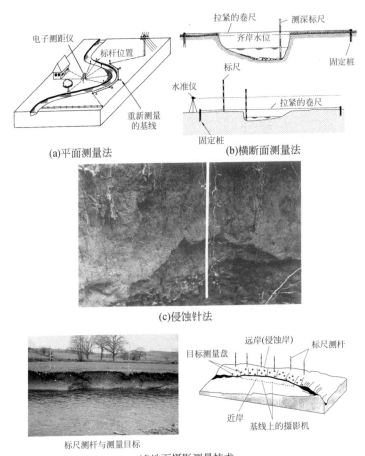

(a)平面测量法　　　(b)横断面测量法

(c)侵蚀针法

标尺测杆与测量目标　　(d)地面摄影测量技术

图 1-2　四种河岸侵蚀量测量

（2004）介绍了水库塌岸的历史和现状，对水库塌岸进行了严重程度分级和长期塌岸宽度预测。此时的研究仅处于定性描述阶段，但却大大推动了我国对河流塌岸侵蚀问题的研究。

　　三峡水库修建完成后，国土资源部出资设立专项资助项目用来对三峡库区的塌岸问题进行预测，其中吉林大学和成都理工大学作出了很大的贡献。吉林大学分别在三峡工程中的涪陵区、长寿区和丰都县提出了适合研究区域的塌岸预测方法。阙金声（2007）研究表明传统监测方法不适宜山区河道型水库塌岸预测，应建立非线性塌岸预测模型体系。并首次提出采用粗糙集理论、BP（back propagation，逆向传播）神经网络和可拓学理论三者相结合的非线性塌岸预测新方法。王征亮（2005）针对三峡库区长寿区进行了塌岸预测的可拓学研究，分别用了传统计算法和可拓学法对塌岸进行了预测，通过对比分析结果确定了岸坡的塌岸宽度、影响高程和塌岸强烈程度。后来，张文春等（2010）基于人工神经网络方法研究了三峡库区丰都县，旨在建立一个适合于三峡库区的塌岸预测方法体系。研究通过训练、学习和仿真，获得预测正确率为97.2%的具有7-32-14网络结构的BP神经网络模型。结果表明：基于人工神经网络的塌岸预测宽度与实际监测数据很接近，偏差在5m以内；公式法计算结果与监测值平均偏差为15.9m。成都理工大学在三峡库区的塌岸预测方法中也发挥着自己积极的作用。刘天翔和许强（2006）在分析三峡库区塌岸类型和传统塌岸预测方法的基础上，提出塌岸预测应根据不同的塌岸类型，建立合适的塌岸预测模型。并突破性地提出，对于冲（磨）蚀型和坍（崩）塌型的塌岸预测都可以采用岸坡结构法；而滑移型的塌岸预测，应该以极限平衡搜索预测法和FLAC3D数值模拟预测法为依据。

虽然侵蚀针测量法在国外河岸侵蚀研究中有广泛的应用，但是该方法并不适合我国河流的实际状况，而且我国关于河岸侵蚀研究大多集中于水库。因此，需要发展新的测量技术以便进行河岸侵蚀研究。

（2）遥感、GPS和摄影测量技术

随着3S[①]技术和摄影测量技术的发展，河岸侵蚀测量技术发生日新月异的变化。Emmanuel（1998）对加利福尼亚州的旧金山湾进行研究时，利用侵蚀针测量法对河岸进行了短期监测及河岸侵蚀量计算；同时提出了用航片进行长期的河岸变化研究，从而估算河岸侵蚀量。Matti Kummu等（2008）更是直接利用遥感影像监测技术对湄公河沿岸的河岸变化进行调查。Praveen等（2012）也运用遥感技术和GIS相结合研究恒河流域的河岸侵蚀危害。遥感影像可以用来监测大时空尺度河岸的变化，具有周期短、分辨率高、节省人力物力等优点，从而使得遥感技术成为河岸侵蚀研究常用的方法。在国内，学者利用遥感影像进行河岸侵蚀现状调查，并对河岸稳定性进行了评价；同时通过对河岸侵蚀和淤积的分析，计算河岸侵蚀量。杨根生等（1988）通过对比不同时期航片，估算了黄河河岸崩塌产生的入黄泥沙量。Yao等（2011）使用不同时期的地形图、影像资料，研究了1958～2008年黄河上游沙漠宽谷段的河岸侵蚀和堆积情况。该方法促进了我国有关河岸侵蚀的研究。

摄影测量技术最初在地形地貌研究方面应用较多，之后成为了河岸侵蚀监测常用的技术。Rachel等（1997）明确提出了用地面摄影测量技术监测和测量河岸

---

① 3S即RS（remote sensing，遥感）、GIS（geographic information system，地理信息系统）和GPS。

侵蚀。随后发展的数字摄影测量技术也应用到河岸侵蚀监测研究中。通过摄影测量技术得到的高分辨率地面高程模型可以用来描述河流形态的短暂变化，从而计算河岸侵蚀量。最新发展的三维激光扫描技术在变形监测方面炙手可热，被认为是测绘领域继 GPS 测量技术之后的一次科技革命。它能够提供扫描物体表面的三维点云数据，因此可以用于获取高精度高分辨率的数字地形模型［图 1-2（d）］。张鹏等（2008）对比分析了高精度 GPS、三维激光扫描和测针板三种测量技术在监测沟蚀方面的应用，通过对比分析三种方法测量的细沟侵蚀量，发现三维激光扫描对细沟侵蚀量估算精度较高，误差仅为 4.5%。摄影测量技术获取的数据精度高、范围大，适合大尺度的河流演变规律研究，但该方法费用高，阻碍了该技术在河岸侵蚀监测中的应用。

另外，GPS 测量技术也逐渐应用到河岸侵蚀研究中。GPS 测量技术最先应用于道路、矿山、建筑施工等领域，之后逐渐被应用到土壤侵蚀研究领域中。在国外，GPS 测量技术在河岸侵蚀研究中已有广泛应用。Brasington 等（2000）在基于高分辨率 GPS 测量技术和构建辫状砾石层河流的形态学变化的研究中就明确提到 GPS 测量技术可以对河流形态学的测量达到三维的高度，从而为河流的塌岸变化提供更加精准的数据。Gyula Mentes 等（2009）则用精准的 GPS 测量技术定量测量出了多瑙河每年的河岸侵蚀量，并研究了河岸崩塌对该河的影响。但是，在国内虽然 GPS 测量技术在土壤侵蚀细沟测量中有成熟应用，但鲜有学者将 GPS 测量技术应用到河岸侵蚀的监测中，目前仅在国家 973 计划项目"黄河上游沙漠宽谷段风沙水沙过程及调控机理"中有相关的研究。

1.3.2 塌岸风险评价

（1）塌岸影响因子

对河流的塌岸风险性进行评价必须明确影响河岸侵蚀的因素，综观各国有关塌岸影响因素的研究，主要包括水流条件和河岸条件两大方面，具体体现在水文、土壤、河流、气象、岸坡、植物等方面。

水流条件是河岸侵蚀的动力因子，包括流量、流速、洪峰流量、水位等因素。Hooke（1979）通过侵蚀针测量河岸侵蚀量发现，洪峰流量是河岸侵蚀的主要贡献因素，并分析了其他水文条件对河岸侵蚀的影响。Knighton（1973）、Walling（1974）等更是进一步讨论了洪峰流量、洪水上升速率、流速等水流因素对河岸侵蚀的影响；Julian 和 Torres（2006）研究了洪峰强度对河岸侵蚀过程影响的水动力学机制。Luppi 等（2009）、Pizzuto（2009）则在试图定量化河流侵蚀的过程中，提出流水侵蚀量占到河岸侵蚀量的85%以上。

　　河岸条件的不同会影响水流形态的变化，从而对河岸侵蚀产生影响。Hack和Goodlett（1960）将河岸侵蚀分为滑落（slide）、掩蔽（cover）、突出（nose）三种形态，并讨论了河型和河岸侵蚀之间的关系。Hupp和Simon（1991）研究讨论了不同结构的顺直型河岸的侵蚀状况。岸高和岸坡脚等河岸形态因素对河岸侵蚀也有重要作用。Simon和Hupp（1987）在调查田纳西州西部流域时发现，不稳定河岸岸高在3~15m，不稳定河岸坡脚在40°~90°变化。除了河岸本身形态特征会对河岸的受侵蚀程度产生影响外，河岸组成物质的不同也影响着河岸崩塌的可能性。

　　植被对河岸的影响作用比较复杂，不同的研究产生了不同的结果。Simon等（1999）提出土壤抗压能力强、抗拉能力弱，而植被根系恰好抗压能力弱、抗拉能力强，因此两者结合能够加强河岸的稳定性；但Greenway（1987）通过研究却发现，河岸坡地植被能够通过增加河岸的载重进而加剧河岸崩塌。另外，植物根系扎根于河岸土壤，还有可能破坏河岸土体的完整性，进而形成裂隙加剧河岸的不稳定性。

　　另外还有学者研究降雨过程、冻融作用等其他因素对塌岸的影响。Hooke（1979）、Casagli等（1999）、Simon等（1999）认为土壤含水量在河岸侵蚀过程中起到了重要作用，含水量较高的土壤会增加土壤强度。针对土壤中的水分条件，Gregory和Walling（1973）提出了几种指标来定量化土壤湿度对塌岸的影响，其中前期降雨指数（antecedent precipitation index，API）应用最广泛。冻融作用也是需要关心的因素，特别是针对路面的风化过程。冻融作用会促进土层深度开裂，从而导致崩岸现象的频发。Lawler（1986）在南威尔士两条弯曲河段运用侵蚀针测量河岸侵蚀量时也发现，季节性的塌岸现象十分明显，大部分的塌岸发生在12月至次年2月，冻融作用引起的河流塌岸明显。

　　国内对塌岸影响因素的讨论和定量化研究始于长江流域、黄河流域等大尺度河流，研究的内容主要集中在水流泥沙条件和河岸形态。王永（1999）提出水流因素是造成长江安徽段崩岸的主要外在条件，体现在主流顶冲、弯道环流动力及高低水文突变等方面。马振兴等（2002）在分析长江马湖大堤崩岸时，主要从地学角度分析了发生崩岸的原因，认为大堤底部为流相和湖泊相沉积，相变明显，为不良工程地质体，其是致使马湖堤段抗冲刷能力弱、大堤失稳、发生崩岸的主要因素。夏军强和王光谦（2002）以三门峡水库为例，讨论了滩岸侵蚀发生机理及其主要影响因素；并且河岸冲刷机理分为受冲积作用控制和不受冲积作用控制两类，前者主要体现河岸侵蚀的动力（水流作用和重力作用），后者则主要是河岸边界条件（河岸土体特征、河岸植被、河道水位变化、冻融作用等）。余文畴

（2008）用长江中下游来家铺弯道的河道断面、流速等资料，分析了影响河道崩岸的两类自然因素——水流泥沙运动条件和河床边界条件。王延贵和匡尚富（2005）借助水流泥沙运动理论、水流动力学理论和水流涡流理论分析探讨了弯曲河道的淘刷机理，指出弯道进出口的凸岸、弯道进出口的凹岸都具有高剪切力，河岸淘刷作用强烈，其中凹岸岸脚所受剪切力最大，淘刷最严重。谢立全等（2008）将岸坡渗流作为江河崩岸的主要诱因和主要研究内容，并对岸坡底下水流运动规律与江河水流之间的关系进行了定量研究。

综上关于河流塌岸侵蚀的影响因素主要包括外界条件和内部条件，外界条件主要有水流动力条件、河床边界条件、河道形态等，内部条件为河岸几何形态及物质组成特性等。明确影响河流塌岸的因素对河流侵蚀机理研究和河岸侵蚀模型的建立具有重要意义。

（2）塌岸风险评估模型

河流塌岸的风险评估是在地质灾害风险评估的基础上发展的，河流塌岸的风险评估模型主要包括定性评估和定量评估两大类。定性评估方法是根据实际的调查情况对其风险性进行主观性的描述，包括绘制灾害危险性的地貌图，根据经验知识对风险性进行分区等。定量评估方法主要是将风险评估的机理与数理统计的原理相结合，以定量的指标来反映灾害的风险等级。随着 GIS 空间技术的发展，该技术和数理统计模型相结合进行风险性评估，并对评估过程中的不确定性进行讨论，进一步发展了风险评估的方法。

在河岸侵蚀过程的复杂性、影响因子的多样性方面，国内外关于塌岸风险性评估模型的研究较少。国外用于河流塌岸风险评估的模型主要有两个：一个是岸坡稳定与坡脚侵蚀模型（bank stability and toe erosion model，BSTEM），该模型基于河岸崩塌的机理来预测河岸的稳定性及坡脚的侵蚀速率；另一个是经典的河岸非点源泥沙岸坡评估模型（bank assessment of nonpoint source consequences of sediment，BANCS），该模型根据河流冲刷机理将影响河岸稳定性的因素划分为河岸特性和近岸水流特性，对其中的子因子按一定的标准进行等级划分，从而建立风险评估表，该模型包含河岸侵蚀危害指数（bank erosion hazard index，BEHI）和近岸压力（near bank stress，NBS）两个子模型，主要用来预测河岸崩塌的风险性。

目前国内关于河流塌岸风险性还没有定量化的模型，大部分是运用已知的影响因素根据一定的理论方法建立塌岸风险预测模型，其中比较常见的有集对分析理论、专家知识、模糊综合理论和信息量方法等；模型中各因子间权重的确定也有多种方法，如层次分析（analytic hierarchy process，AHP）法和灰色关联分析

(grey relational analysis，GRA）法。国内关于塌岸风险性的研究最先使用于地质
灾害领域，包括滑坡、泥石流、地震、崩塌等，通过建立地质灾害风险性指数模
型计算地质灾害风险性指数或风险程度。张业成等（1993）以系统工程理论与方
法为依据，运用层次分析法计算了中国地质灾害分布；徐俊等（2005）将信息理
论引入塌岸灾害风险评价中，并通过几种方法的对比研究结果，发现信息量法在
塌岸风险评价中取得的结果最好；刘晓等（2009）在对滑坡变形动态预测时，将
集对分析理论引入岩土变形监测领域；许传杰等（2013）在崩岸预测过程中，选
取8种因素作为预测因子，4个等级为评价集，并引入 k 次抛物线模糊分布作为
隶属函数，运用模糊综合理论建立了塌岸易发性预测模型。对于模型中各指标间
的权重分析和指标量化，大多数学者采用层次分析法和灰色关联分析法。张春山
等（2006）在研究区域地质灾害风险评价要素权重时，采用灰色关联分析法分别
计算各关联因子间的关联度，并用各因素的关联度占所有因素的关联度之和的比
重作为权重。汤明高和许强（2008）基于目标层次分析法，构建了三峡水库塌岸
风险评价的三级指标体系，并对指标间权重进行了分析和量化。

　　综上所述，国内外对于风险评估的研究主要集中在突发性的地质灾害方面，
包括滑坡、泥石流、地震、崩塌等；而对于塌岸风险评估的研究则主要集中在水
库库岸的崩塌，对于河岸崩塌的风险性评估则鲜有关注。但是河岸崩塌引起大量
的泥沙进入河流，使得河流的含沙量增加，导致非点源污染；另外还会破坏农
地、村庄及建筑设施等，更有甚者会威胁河堤的防洪安全。因此，对于河流塌岸
的风险评估就显得尤为重要。

1.3.3　河岸崩塌成因与侵蚀过程

（1）河岸崩塌成因

　　冲积河流在自然状态下总是处于不断变化发展的过程中，包括河床沿垂向的
冲淤变化及河道的横向变形（谢鉴衡，1989；张幸农等，2007）。塌岸（也称崩
岸）是河道横向变形的重要表现形式，是河床演变过程中水流对堤岸冲刷、侵
蚀、发展积累的突发事件，属于水土结合边界的耦合作用问题（段金曦等，
2004；张幸农等，2009a；Yu et al.，2010），它与水流动力条件、泥沙输移条件、
河床边界条件及河道形态具有密切的联系。

　　天然河道河床与河岸物质组成复杂，它们与水流相互作用，构成了一个错综
复杂的系统，因而在不同河流或同一河流的不同河段上及不同河型条件下，造成
河岸侵蚀甚至崩岸的形成机理也会不同。近年来，该领域的研究比较活跃，主要

包括以下几个方面：从河岸土体物理力学性质出发进行理论分析；从河岸稳定性分析出发，建立河岸的数学模型；从水流动力条件出发进行分析研究等。例如，唐日长（2001）根据荆江河道实测资料，认为作用于河床的水流强度、河岸土质组成、河床形态等是影响弯曲河道中凹岸崩塌强度的主要因素。荣栋臣针对荆江姜介子河段进行了分析，认为地质基础差、河势发展接近地貌临界条件、水下石堆下腮的局部冲刷等是姜介子发生崩岸的主要原因（水利部长江水利委员会，1990）。王家云和董光林（1998）、王永（1999）都认为除水流作用、河岸地质条件外，高低水位的突变产生的外渗压力，护岸工程标准低质量差也是造成崩岸的重要因素。冷魁（1993）认为汛后或枯季水流逐渐归槽坐弯，河道主流流路随流量的减小而变得越来越弯曲，主流顶冲江岸，深槽向岸边楔入，窝崩随之发生。李宝璋（1992）在分析长江南京河段窝崩成因时，提出形成窝崩的动力是大尺度纵轴螺旋流。国外研究如美国学者 Simons 和 Runming（1982）认为水力参数、河床与河岸物质组成的特性、河岸土体的物理特性、风浪、气候、生物、人类活动等是影响河岸侵蚀的主要因素。Grissinger（1982）认为，黏性土质河岸的崩坍不仅与水力要素相关，而且与土体的自身重量有关，它们的相对重要性由河岸自身的特性决定。Milliar 和 Quick（1993）认为河岸泥沙压实作用、与细沙掺混及与底部大量的泥沙黏结作用都会增加河岸的稳定，其提出河岸泥沙的中值粒径和摩擦休止角是河岸稳定性分析的关键参数。Osman 和 Thorne（1988）从河床冲深与河岸侵蚀两个方面来分析黏性河岸，认为引起崩岸最常见的原因是河岸侧向侵蚀过程使河道宽度增加并使岸坡变陡，或者是河床下切增加河岸高度。Hargerty 和 Spoor 认为河岸由多元结构组成、河流中的水位与地下水位经常不一致，会引起渗漏与管涌；渗漏和管涌均可带走渗漏层的泥沙，使其垫层变薄，上层土体失去或减小支撑力，从而引发崩岸（Hagerty et al.，1986）。Nagata 等（2000）提出了一种数值分析的方法，通过建立非平衡输沙数学模型研究平面上崩岸岸线的变化速率及河床变形的过程。美国土木工程协会通过研究河宽调整模型，认为黏性与非黏性河岸的坍塌机理有着明显的区别，黏性河岸比非黏性河岸的稳定性高一些（The ASCE Task Committee on Hydraulics，1998）。Fukuoka（1996）在日本新川河道的河漫滩上，采用挖沟的方法对二元结构河岸进行了冲刷实验，对自然分层堤岸冲蚀过程机理进行了论述，据此估算堤岸的冲蚀率，将冲蚀过程分为三个阶段：一是堤岸非黏土层冲蚀；二是上部挂空的黏土层受拉崩塌；三是水流冲碎崩塌下来的土块并随水流冲走。结果表明，黏性土崩塌体可以延缓水流对坡脚的进一步冲刷，并根据动力因素提出了上部粉砂土崩塌和水流挟带的崩塌土块的估算方法。

从河床演变的形式来看，崩岸现象不但贯穿于整个河流的造床过程，而且当河流形成一定的形态后，将按不同河型的固有规律不断地发展。河道演变过程中主流线的摆动、河道冲刷可能引起崩岸发生，若河道崩岸没有得到及时控制，就可能引发大的河势调整。另外，塌入河道中的岸坡土体使河道中泥沙来量或含沙量在短时间内迅速增加，将直接影响下游河道的冲淤变化（Nasermoaddeli and Pasche，2008；Simon et al.，2009）。例如，黄河来沙高峰期就是晋陕峡谷两侧的黄土崩岸滑塌所产生（陈继光和关丽罡，1996）；武汉长江至南京划子口约1479km 的江岸，1970～1998 年内崩岸总面积达 89.1km²，崩入长江的泥沙量约为 267×10⁶m³，期间该河段总淤积量为 770.6×10⁶t，二者数量级上相当地一致（徐永年等，2001）。国外典型的例子如 Kronvang 等（2013）针对丹麦欧登塞河流崩岸及河道演变的调查研究也发现二者有高度的相关性。岸滩崩塌与河床冲淤交互作用过程复杂且影响因素众多，现有研究成果或单一研究岸滩崩塌机理，或单一研究河床演变规律。例如，张幸农等（2009b）采用长江中下游典型崩岸河段原体沙建立概化坡体模型，针对坡体崩塌水流冲刷破坏机理及极限稳定坡度进行模拟实验研究；Osman 和 Thorne（1988）、Darby 和 Thorne（1995）基于黏性岸坡的水动力学–土力学方法，提出了河道展宽模式，该模式首先计算岸坡横向冲刷距离，然后分析岸坡是否会失稳、崩塌，并拓展至顺直河段展宽模型；余明辉等（2010）通过对非黏性颗粒在不同水流条件下的受力分析，建立了动水中的岸滩稳定坡度与近底流速、颗粒粒径及容重的函数关系式，从力学角度阐明了岸滩稳定机理。黑鹏飞等（2013）提出了可任意追踪拟合复杂动边界的数值切割单元法，对于模拟崩岸等复杂问题具有重要的研究价值。夏军强等（2013）针对下荆江二元结构河岸的崩塌机理和影响因素做了较为细致的研究。许栋等（2011）着重分析了塌岸对河湾形成的影响。目前将二者结合起来研究塌岸淤床交互影响规律的成果不多，如 Amiri-Tokaldany 等（1970）采用 BSTEM 模型，模拟研究了岸坡侵蚀的水力过程（侵蚀坡脚）和地质过程（重力坍塌）。王延贵和匡尚富（2005）、王延贵（2003）开展的概化模型实验表明，黏性土崩塌体可以延缓水流对坡脚的进一步冲刷。

综上所述，崩岸受制于不同河型的河床演变特性，而不同河型又是水流与河床及河岸相互作用的结果，具体来说，一方面河岸在水流的冲刷作用下发生侵蚀甚至崩塌；另一方面河岸及河床的抗冲条件约束或改变水流结构并制约或加剧崩岸的发生发展（Davis and Harden，2012）。崩岸的影响因素主要包括内在因素和外在因素两种（王延贵，2013；Davis and Harden，2012）。河岸及近岸河床土质边界条件是内在因素，包括河岸土体性质、岸坡高度和坡度（Stefano and Massimo，2003）、河岸土体组成与分布、滩槽高差等（徐芳和邓金运，2005）；河道水动力条件是外在因素，主要有河道内水位变化曲线（Stefano and Massimo，

2003)、岸坡内的渗流作用（张幸农等，2014），纵向水流的冲刷作用、弯道环流及回流（徐芳和邓金运，2005）等。水力作用是崩岸主要的外因，张幸农等（2009b）研究了坡体崩塌破坏的形成、发展过程及相关力学机制，模拟实验的研究结果表明，水流对岸坡的作用主要表现在坡脚淘蚀、岸坡崩塌、坡度变缓；Jamieson 等（2012）探讨了紊动和涡旋对崩岸的影响，发现涡旋区和冲刷区一致出现；Papanicolaou 等（2007）表明次生流会使水深平均边壁切应力增加两倍以上。水流作用对崩岸的影响不仅仅体现在近岸河床冲刷后导致岸坡坡度的变化改变了岸坡的稳定性，也表现在河床变形后水流结构自身的变化从而进一步加速了岸坡崩塌的发生及崩塌体的分解输移。例如，余文畴（2008）提出了横向流速与河宽及水深的正比关系，说明了当近岸流速越集中，近岸流速对于河岸的横向梯度就越大，近岸坡度将越陡，岸坡将越易失去稳定，越易发生崩岸。关于崩岸发生内在因素影响规律的研究，目前，多数针对不同河岸土质组成进行了研究，如均质河岸或二元结构河岸组成，或不考虑河床边界条件单纯研究崩岸的发生发展及临界稳定性条件；或针对一般冲积河流中河床为中、细砂的情况耦合岸坡和河床变形建立数学模型预测河道的演变规律。而针对河床边界条件对岸坡崩塌规律的研究却不多。一般说来，在河道变化过程中水流引起的近岸河床冲淤直接改变了岸坡的坡度及滩槽高差，降低（因近岸河床冲刷）或增加（因近岸河床淤积或崩塌体堆积）了岸坡的稳定性。例如，在荆江河段自然演变状态下，下荆江河段崩岸情况多于上荆江河段，除河岸边界条件不同外，也与下荆江河床泥沙起动流速小、抗冲性较弱关系密切。因此，不同近岸河床组成情况下岸坡崩塌规律的研究可为崩岸的发生、发展及控制提供基础依据，具有一定的理论和应用价值。

（2）河岸侵蚀过程

河岸侵蚀监测是进行河岸侵蚀研究的基础，其最终目的是进行河岸侵蚀机理研究和建立河岸侵蚀模型，模拟河岸侵蚀过程。对河岸侵蚀的模拟可划分为室内水槽模拟和数值模拟。在实际研究中，二者往往结合使用，相辅相成。

国外学者研究的河流规模都比较小，主要集中在对岸坡稳定性的研究。Osman 和 Thorne（1988）提出计算河岸侵蚀的过程模型需要考虑河流的侧向侵蚀和河岸土体的特性两个方面。Darby 和 Thorne（1996a）在其基础上增加了孔隙水压力及静水压力，并删除之前研究中对崩塌面必过坡脚的限制，开发了岸坡稳定模型。Simon 等（2000）提出了分层模拟的岸坡稳定算法，并将其发展成为河岸稳定性及坡脚侵蚀模型（BSTEM）。该模型不仅可用于模拟河岸稳定程度，还可根据河岸物质组成、几何形态、坡脚参数等估算河岸侵蚀量。然而，该模型建立在对规模较小的河流、溪流进行详细测量的基础上，尚处于完善阶段，对于大江大河河岸侵蚀研究的应用价值还有待进一步验证。

国内有关河岸侵蚀的数理模型也取得了一定进展。夏军强等（2000）建立了河床冲刷过程中横向展宽的模拟模型。刘志等（2001）根据崩岸的类型和机理，利用泥沙运动力学和土力学理论，建立了一种预测崩岸规模的数学模型。黄本胜等（2002）提出了适用于黏性河岸稳定性预测的模型，并认为河槽水位、地下水位、岸滩形态及岸滩土质抗冲性的大小对河岸稳定性有不同程度的影响。钟德钰等（2008）建立了模拟河岸侵蚀和崩塌的计算方法，用于模拟黄河下游的河道横向变形。王党伟等（2008）从水力学和土力学方面定量分析了河流展宽的影响因素，并介绍了多种模拟方法。闫立艳等（2009）建立了针对弯曲河段复杂地形和河势的河道崩解模拟模型。Jia等（2010）建立了三维数值模型，用来模拟长江石首段的河岸侵蚀及河势演变。Posner和Duan（2012）采用蒙特卡罗模拟，研究了河岸侵蚀及游荡河流演变。但值得注意的是，目前模型模拟结果往往基于水力学、土力学等基本理论进行数值模拟，经详细实测资料验证的还较少见，更没有建立基于实测资料的河岸侵蚀模型。

综上，河岸侵蚀过程机理复杂，影响因素众多，国内外虽已取得一定的研究成果，但目前对于河岸侵蚀发生机理仍不清晰，并且没有通用的模型能够进行河岸侵蚀量的预测。而我国的河流众多，受人为因素影响严重，河岸侵蚀问题更加严峻。目前我国的河岸侵蚀研究多集中于理论分析和数值模拟等方面，未能与实测资料结合从而建立具有普遍适用性的侵蚀模型；研究区域大多为长江流域，对于近年来侵蚀严重的黄河上游沙漠宽谷段却无人问津，而且河岸侵蚀量与河流泥沙量的关系也不明确。因此，需将河岸侵蚀作为一种重要的侵蚀模式进行研究。

1.3.4　坡岸稳定性及计算模型

1. 一般土坡稳定性

（1）影响因素

影响因素如下：

1）坡体形态特征。坡体的坡高、坡角和断面形态在一定程度直接决定了土坡的稳定性。坡高和坡角越大，土坡的稳定性越差。

2）土体物理力学特性。物理力学性质包括土体的成分、容重、孔隙比、含水率、密实度、内聚力和内摩擦角等，其中土的内聚力 c 和内摩擦角 φ 直接决定了土的抗剪强度，c、φ 值是决定土坡稳定性至关重要的因素，c、φ 值大的土坡比

c、φ 值小的土坡稳定性强。

3）土体的结构。坡体内土的分层层面、裂缝、裂隙等部位抗剪强度较低，当其倾向和土坡坡面一致时就容易导致该方向的滑动。

4）水的作用。地表水和地下水的活动是土坡失稳的重要原因。水对土坡稳定性的影响主要表现如下：①增加土体重度，增大坡内的剪应力；②软化土体，降低其抗剪强度；③产生静水压力和动水力；④溶解土体中得易溶物质，导致土体成分和结构发生变化；⑤冲刷和切割坡脚，产生冲蚀掏空作用；⑥对不透水层上的覆土层或软弱夹层起到润滑作用。

5）振动作用。地震、爆破、打桩等引起的振动会降低土体的抗剪强度，进而诱发土坡失稳（陈希哲，2006；张向东等，2011）。

（2）土坡稳定分析方法

1）极限平衡法。极限平衡法的基本特点是只考虑静力平衡条件和土的莫尔–库仑破坏准则，通过分析计算土体被破坏时受力的平衡来求解（张向东等，2011）。通过大量观测、实验和理论分析得知：非黏性土破坏面接近直线或折线；黏性土的滑动面接近圆弧形。在确定了滑动面后，从边坡中取出一隔离体，并从隔离体上的已知力或假定力出发计算出维持其平衡所需的土的抗剪能力，抗剪能力与土的抗剪强度的比即为安全稳定系数（张占锋等，2005）。

基于极限平衡理论发展的方法主要有整体圆弧滑动法、稳定数法、瑞典条分法、毕肖普法、简布法、传递系数法等。工程上分析黏性土坡稳定性应用比较广泛的为条分法，条分法是将圆弧滑动面的滑动体按照竖向划分为若干土条，把每一土条看作刚体，分别进行受力分析，然后求解整个土坡的稳定性。条分法把滑动面看作圆弧，认为滑动土体是刚性的，不考虑分条之间的推力，或只考虑分条间水平推力（毕肖普法），因此计算结果不能完全符合实际，但由于其计算概念明确，且能分析复杂条件下土坡的稳定性，所以在各国实践中被普遍使用。由均质黏土组成的土坡，亦可使用该方法。

极限平衡法是土坡稳定分析中最早出现的方法，也是发展最完善的方法，其具有模型简单、公式简捷、便于理解等优点，因此成为工程中应用非常广泛的方法。基于极限平衡法的边坡稳定分析方法的缺陷在于其不考虑土的应力–应变关系，并认为沿滑动面上各点的强度发挥程度及抗剪强度折减安全系数相同，其安全系数的表述与坡体所在区域的变形特点和坡体外区域的地质情况、受力条件等完全不发生关系（方建瑞等，2007）。

2）有限元法。有限元法是以连续介质力学为基础的数值分析方法，它将分析域离散成有限个只在结点处相联结的子域，即有限元，然后在单元中采用低阶多项式插值，建立单元刚度矩阵，再利用能量变分原理集合形成总刚度矩阵，最后结合初始条件及边界条件进行求解。有限元法满足了静力许可、应变相容和应力、应变之间的本构关系，并且可以不受边坡几何形状不规则和材料不均匀性的限制，同时有限元法还提供了应力、变形的全部信息（方建瑞等，2007）。

目前有限元法在边坡稳定分析中常用的方法有圆弧搜索法和强度折减法等。有限元圆弧搜索法沿用了极限平衡法的思想，只是在假定滑裂面上的下滑力和抗滑力是由有限元法计算较为精确地确定。而强度折减法是在有限元法计算中，通过不断折减土体强度参数，当计算不收敛时的折减系数即认为是边坡稳定安全系数。强度折减法一个主要的特征是不需要事先假定滑裂面，从目前应用看它是一种比较有发展前途的边坡稳定分析方法。

有限元法的优点在于可以考虑土体的非线性本构关系，可以得到较准确的应力场和位移场，作为稳定分析的基础，且适用于任意复杂的边界条件（史恒通和王成华，2000）。但有限元法分析不能直接与稳定建立关系，需要定义合适的安全系数，使之计算时能方便利用有限元法分析的结果，土坡破坏标准的确定是有限元法的一个难题（吴敏和向臻锋，2008；黄景忠和刘华强，2007）。

土坡稳定性方法还有塑性极限分析法、可靠度法、人工智能法等。随着计算机技术的发展，应用严格应力–应变分析的各种其他数值方法如边界元法、离散元法、不连续变形分析法、流形元法等已经逐渐应用于边坡稳定的分析中。

2. 考虑水位变化的土坡稳定性

（1）水位作用过程

在水位上升过程中，一方面渗流梯度为正，渗透力对河岸稳定有一定的作用；另一方面坡体中由于水的渗入，浸润面的位置将升高，这将导致坡体浸水体积的增加，从而使滑面上的有效应力减少或抗滑阻力减少和部分滑动带饱水后强度的降低；在水位下降过程中，由于坡体中浸润面下降的滞后效应，渗流梯度为负，渗透力变为河岸崩塌的动力，河岸稳定系数随着渗流梯度的增大而大幅度减小，特别是在水位骤降时，渗流水力梯度较大，河岸所受渗透力较大，其稳定性大幅度减弱（王延贵，2003；郑颖人和唐晓松，2007）。

高水位浸泡影响土壤内摩擦角和黏聚力的主要因素包括土体自身特性（土粒成分、密度、形状、结构和大小）、含水量和孔隙水压力等。当含水量增加时，水分在土粒表面形成润滑剂，使其内摩擦角减小。从黏性上来说，含水量增加使薄膜水变厚，甚至增加自由水，则土粒间电子力减弱，内聚力降低（王延贵，2003）。

（2）考虑渗流作用的边坡稳定分析

考虑渗流作用的边坡稳定分析方法主要有以下 3 种（谢罗峰，2009）。

第一种方法：首先确定边坡内部渗流（自由面）的位置，非稳定渗流时，确定各时刻渗流场，然后利用渗透力的方法进行边坡稳定性分析。这种方法的优点是在已知渗流场，特别是在有现场地下水实时监测资料时可以直接精确计算渗流力，合理考虑渗流作用。对于这种方法而言，关键在于确定非稳定渗流浸润面，浸润线的位置将直接影响边坡稳定性分析结果的精确度，同时还要谨慎考虑渗流方向。

第二种方法：简化地下水计算，如常用的替代法，或用直线的地下水水位线代替实际的地下水分布，这些方法的优点是计算简单，但只能在稳定流动或者边坡内部地下水水位趋于直线时才能够基本接近真实结果，实际也未完全考虑渗流作用。

第三种方法：避开求解非稳定渗流场，直接由下降前的状态决定水位下降后的土体抗剪强度进行边坡稳定分析的方法。这种绕开非稳定渗流计算的总应力方法，关键在于确定土体的饱和不排水强度，再根据水位降落前的法向应力推出水位降落时的土体抗剪强度。这种方法的优点是计算简单，无需计算渗流场，但是缺点也很明显，就是过于依赖土体抗剪强度的实验结果，同时引入了对强度降低后的假定，这种方法也不能合理考虑水位变化的过程中边坡的稳定性。

3. 岸坡水动力作用机制

（1）近岸水流冲刷力

近岸水流的冲刷力是引起河岸冲刷的主要作用力，一般可用近岸水流切应力的大小来表示，其值主要与河道的断面形态、宽深比及近岸区的水流结构等因素有关。对于天然河道，其床面及近岸水流剪切力可利用比降确定（张芳枝和陈晓平，2009），另外，可根据纵向流速的垂向分布，利用对数流速分布公式决定水流剪切力（钱宁等，1989）。对于无黏性土河岸来说，近岸水流切应力一般可用式 $\tau = \gamma h J$ 计算。式中 γ、h、J 分别为水的容重、断面平均水深及比降（张瑞瑾，1998）。近年来，由于紊流理论及实验研究的发展，对水流的微观结构研究有了一定的进展，我国的一些学者亦将黏土矿物学黏粒微观结构研究的成果引用到黏性泥沙的冲刷研究中，从而使黏性土的水流切应力问题的研究再前进一步。研究表明（张兰丁，2000）：当水流所产生的动水压力和脉动应力传递到土体孔隙中产生附加孔隙水压力，胶团或团聚体所受到的有效应力足以克服胶团或团聚体的自重及相互之间的咬合力时，黏性泥沙开始起动。因此，黏性泥沙起动的主要因素是土外水所产生的脉动应力，脉动应力有不断振动和掀起的作用，瞬间脉压可能较大。在脉动应力的作用下，胶团或团聚体间的结合会逐渐松弛，而二者之间的咬合一旦被破坏，就会浮起被水流挟带而去。目前确定脉动应力的方法有两种：一种是用传感器直接量测；另一种是通过测量脉动流速及摩阻流速来确定。两种方法都存在一定的缺陷。尽管如此，研究水流的脉动作用对于黏性泥沙起动的影响仍然是很有意义的（王党伟等，2008）。

（2）弯道环流

有关研究成果表明（钱宁等，1989；The ASCE Task Committee on Hydraulic，1998），在弯道水流中，床面剪切力的分布与纵向流速的分布一致，纵向流速最大处，床面剪切力也最大。受弯道环流的影响，在弯道进口断面（弯道上游），凸岸为高剪切力区，凹岸为低剪切力区；而在弯道出口断面则情况正好相反，凹岸为高剪切力区，凸岸为低剪切力区；最大剪应力发生在弯道下游的凹岸处。悬移质运动与螺旋流的关系非常密切（邵学军和王兴奎，2005；王延贵和匡尚富，2005），螺旋流将表层含沙较少而泥沙较细的水体带向凹岸，并折向河底取沙，而后将这些含沙较多而泥沙较粗的底部水体带向凸岸边滩，形成横向输沙不平衡。在螺旋流的作用下，凹岸冲刷下来的底沙总是转移到凸岸，由此形成床面上的横向底坡，特别是对于天然河弯，横向输沙的不平衡招致河床及河岸的不断变形，因此很难形成一个较为稳定的横向底坡，且又转而影响泥沙的运移。

4. 基于水动力学–土力学方法塌岸数值模拟方法

这种方法主要采用水动力学模型计算河床冲淤变形，然后用土力学模型分析河岸的稳定性，并计算河岸的崩塌量。

非黏性河岸的水动力学–土力学方法，主要以 Nagata 等（2000）、Pizzuto（1990）提出的基于水下休止角的河道崩塌模型为代表（图1-3）。其崩塌过程如下：河岸边坡处河床的冲刷，导致河岸坡度变陡，岸高增加，结果使河岸发生崩塌。崩塌后的河岸土体在岸坡前淤积，淤积物被水流冲走，河岸又开始新的冲刷和崩塌。因此，这是一个冲刷→崩塌→淤积的循环过程。

Duan 和 Wang（2001）提出基于河岸冲刷速率的非黏性河岸的概化冲刷模型，河岸崩塌的泥沙或者从上游输移到岸边的泥沙可能引起河岸的淤长，而与此同时，近岸的水流又在不断地冲刷河岸，若河岸冲刷后退的速率大于其淤长的速率，会使岸线后退，最终导致河道横向展宽。因此，河岸的冲刷与淤长取决于近岸处的水流条件及输沙状况。

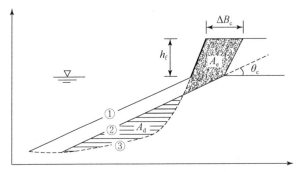

图 1-3 非黏性河岸稳定分析示意图

注：A_e 为河岸崩塌的面积；A_d 为崩塌土体淤积在岸坡上的面积；$A_e = A_d$；ΔB_c 为河岸崩堤宽度；θ_c 为崩塌面与水平面夹角；h_f 为河岸顶部到水面距离。①初始河岸形态；②冲刷后的河岸形态；③河岸崩塌后淤在岸坡上的河岸形态。

黏性河岸的水动力学-土力学方法，主要以 Osman 和 Thorne（1988）提出的河道展宽模式为代表。侵蚀堤岸剖面如图 1-4 所示。图中 ABCD 为冲刷前堤岸剖面线，FBCD 为冲刷后堤岸剖面线，B 为转折点，ΔZ 为河床冲深，DE 为堤岸边坡拉张裂隙，β 为临界破坏面与水平面夹角，F_d 为下滑力，F_r 为抗滑力，W 为破坏土体产生的重力，H_0 为初始河岸高度，H 为冲刷后河岸高度，H' 为转折点以上的河岸高度。

第一步，比较河流冲刷力和堤岸抗冲力，若河流冲刷力大于堤岸抗冲力，则堤岸发生冲刷，在 Δt 时间内的 ΔB 可通过式（1-1）计算，ΔZ 可通过水动力学模型计算，形成冲刷后堤岸剖面线 FBCD。

$$\Delta B = [C_1 \times \Delta t \times (\tau - \tau_c) \ e - 1.3\tau_c] / \gamma_s \tag{1-1}$$

式中，γ_s 为河岸土体的容重（KN/m³）；ΔB 为 Δt 时间内河岸因水流横向冲刷而后退的距离（m）；τ 为作用在河岸上的水流切应力（N/m²）；τ_c 为河岸土体的起动切应力（N/m²）；C_1 为横向冲刷系数，取决于河岸土体的物理化学特性，Osman 和 Thorne（1998）根据室内实验结果得到 $C_1 = 3.64 \times 10^{-4}$。

第二步，分析冲刷后堤岸的稳定性，假设河岸边坡为均质土体，临界破坏面通过坡脚，破坏体 FBCDE 仅受重力作用，安全系数 FS 定义为临界破坏面 EF 上的抗滑力和下滑力之比，当 FS>1 时边坡土体稳定，则进入下一个时段的河流冲刷计算和边坡稳定分析；当 FS<1 时表明边坡已发生破坏，在这种情况下计算得到的 ΔB 和 ΔZ 偏大，此时通过减小时间步长进行调整。不过，在分析中 Osman 和 Thorne（1998）将 FS 的判别转化为对临界高度（H/H'）的判别。

Thorne（1998）提出的模拟方法，虽比以前的方法有较大的进步，但还存在

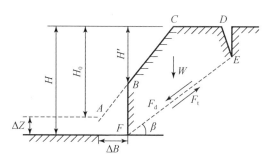

图 1-4　黏性河岸稳定分析示意图

两个较大的不足之处。一是不能考虑孔隙水压力和静水压力对河岸稳定性的影响，二是河岸崩塌时的平面滑动面必须限于通过坡脚，三是不能考虑渗流作用的影响。黄金池（1997）在黄河下游平面二维泥沙数学模型中采用了 Thorne（1998）提出的横向冲刷距离的计算公式，但对河岸稳定性分析作了大量的简化和改动，认为河岸崩塌时破坏面的角度为泥沙的水下休止角。这样的处理方法虽能简化计算，但与实际物理现象不符，因为只有非黏性土滑动面的角度为水下休止角。王新宏（2000）在黄河准二维数学模型中全部采用了 Thorne（1998）的横向展宽计算模式，仅对某些细节问题作了改进，如考虑了水位变化对河岸土体物理特性的影响。Darby 和 Thorne（1996a，1996b，1996c）在河岸稳定性分析模型中，以 Thorne（1998）提出的横向展宽计算模式为基础，同时考虑孔隙水压力和静水压力对河岸稳定性的影响，而且放宽了滑动面必须通过坡脚的限制条件。但这种方法仅适用于土体结构不存在垂向分层的黏性河岸。Amiri-Tokaldany 等（1970，2003）在 Darby 和 Thorne（1996a，1996b，1996c）模型的基础上，进一步考虑了多种土层堤岸的情况。肖海波根据土力学中的极限平衡法，归纳了直线形滑动、圆弧形滑动和折线形滑动的稳定性计算（肖海波，2009）。黄本胜等针对黏性河岸提出了考虑旋转崩塌（窝崩）和平面崩塌的数学模型，在 Thorne（1998）的基础上考虑了孔隙水压力和静水侧压力的影响，同时将概率分析的方法运用到崩塌的纵向延伸问题上（黄本胜等，2002）。

对于混合土二元结构河岸，Fukuoka（1996）指出了混合土二元结构河岸冲刷过程的 3 个阶段如图 1-5 所示：下部非黏性土层的冲刷（第 1 阶段），挂空的上部黏性土层的崩塌（第 2 阶段），崩塌下来的土块被水流冲散并带走（第 3 阶段）。3 个阶段依次重复发生，河岸持续地后退，直至达到冲淤平衡（王党伟等，2008）。

水动力学–土力学方法模拟河道展宽过程，不仅能考虑河岸冲刷、崩塌时的力学机理，同时对非黏性河岸和黏性河岸及二元结构河岸都适用，这应是未来研

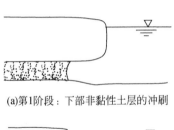

(a)第1阶段：下部非黏性土层的冲刷

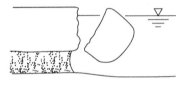

(b)第2阶段：挂空的上部黏性土层的崩塌

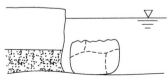

(c)第3-1阶段：崩塌下来的土块被水流冲散

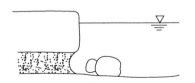

(d)第3-2阶段：崩塌下来的土块被水流带走

图1-5 混合土二元结构河岸崩塌示意图

究河岸侵蚀的主要方向。但由于塌岸影响因素复杂，目前研究的模型均采用一定的假设或忽略一些因素的影响，本书采用野外监测和理论研究相结合的方法，根据黄河上游宁蒙河段的特征，建立比较完善的塌岸影响因素指标体系，研究各关键因素的影响机制，探讨塌岸侵蚀动力过程与机理，为今后建立塌岸侵蚀模型奠定了基础。

第2章 沿河自然环境及塌岸分布特征

2.1 自然环境概况

黄河上游宁蒙河段位于黄河上游的下段，上连黄河上游的中段峡谷段，下接位于粗泥沙来源区的黄土高原黄河中游河段，具有其独特的河流地貌、水文气象及土壤植被。

2.1.1 河流地貌

黄河上游水系的发育，主要受流域北部和南部的阴山–天山和秦岭–昆仑两大纬向构造体系的控制，西部位于青海高原"歹"字形构造体系的首部，中间受祁、吕、贺"山"字形构造体系控制，东部受新华夏构造体系影响，黄河潆回其间，从而发展成今日的水系，其特点是干流弯曲多变，支流众多，分布不均。黄河上游根据河道特性的不同，又可分为河源段、峡谷段和冲积平原三部分。其中，从青海龙羊峡到宁夏青铜峡部分为峡谷段。该段河道流经山地丘陵，因岩石性质的不同，形成峡谷和宽谷相间的形势：在坚硬的片麻岩、花岗岩及南山系变质岩地段形成峡谷；在疏松的砂页岩、红色岩系地段形成宽谷。从宁夏青铜峡至内蒙古托克托县河口镇部分为冲积平原段，基本无支流注入，干流河床平缓，水流缓慢，两岸有大片冲积平原，即著名的银川平原与河套平原。宁蒙河段自宁夏下河沿至内蒙古托克托县蒲滩拐，穿越我国四大沙漠，长约1000km，是发育典型的沙漠宽谷，形成了约200余公里的"悬河"，也是黄河上游近3500 km的河段中水沙变化最复杂、河道演变最剧烈的关键河段。沿黄地区盛产稻米、春小麦、大豆、大麻和甜菜，是宁夏、内蒙古两个自治区的政治、经济、文化和交通中心。宁蒙河段流经宁蒙冲积平原，除石嘴山、河拐子河道较窄，河床有基岩出露外，大部分区域都是砂卵石或沙质河床，河道宽浅，比降平缓，划分以石嘴山为界。黄河宁夏段长为397km，占黄河河长的7%，落差较大。下河沿至青铜峡河段主要为卵石河床，河宽为0.2~3.3km，河道曲折迂回，比降为0.8‰~0.9‰。青铜峡至石嘴山河段处于冲积平原段，为平原型河流，沙质河床，河宽为 0.2~5.0km，水深为 2~6m，比降为 0.19‰~0.29‰，主流摆动大；石嘴山以下为岩石河床，比较稳定。内蒙古河段比降较小，三湖河口至昭君坟比降为 0.11‰，昭君坟至包头比降为 0.09‰，包头至头道拐比降为 0.11‰（苏晓慧，2013）。该区段河型多样，在宁夏境内沿程有卵石质辫状河段，经过青铜峡库区后变为砂砾质辫状河段，再变为砂质辫状河段；在内蒙古境内沿程由辫状河段变为弯曲河段，在末段变为顺直河段。区间来自黄土高原的支流有清水河，为区间细泥沙的主要来源区；来自库布齐沙漠及其附近的季节性河流主要有十大孔兑，它们是粗泥沙的主要来源区。该区上段流向为由南向北，约占宁蒙河段长度的 2/3，冬季结冰封河北部较早、春季开河南部较早，由此导致凌汛灾害及风险的长期困扰，具有防洪防凌任务。

2.1.2 水文气象

宁夏自南向北分跨三个气候带。固原以南属暖温带半湿润区，年降水量为 600~800mm，面积占全区的 3%。固原大部分属于中温带半干旱区，年降水量为 400~600mm，面积占全区的 20%。固原北部至引黄灌区属中温带干旱区，年降水量为 180~400mm，面积占全区的 77%。水面蒸发量变幅在 800~1600mm（E601 型蒸发皿），总趋势由南向北递增，除六盘山、贺兰山为 800mm 左右外，大部分地区在 1200~1600mm。年平均气温由南向北递增，南部固原地区为 5~6℃，中部盐池、同心为 7~8℃，北部引黄灌区为 8~9℃。宁夏主要灾害性天气为干旱，其次为霜冻、冰雹、热干风、地湿、冷害等，大风、沙尘暴天气出现较多。内蒙古黄河流域属于干旱半干旱大陆性气候区，具有降水量少而不均，寒暑变化剧烈的显著特点。基本气候特征是降水少且由西向东递增，多年平均降水量为 130~400mm，降水集中在夏季，而蒸发强烈，且由西向东递增，多年平均蒸发量为 1845.5~2389.1mm。冬季漫长而寒冷，多数地区冷季长达 5 个月到半年之久。其中 1 月最冷，月平均气温从南向北由-10℃递减到-32℃。夏季温热而短暂，多数地区仅有 1~2 月，最热月份在 7 月，月平均气温在 16~27℃，最高气温为 36~43℃。日照时数为 3000h 以上。中国干旱情况大体是以等降水量线来划分的，干旱地区降水量在 200mm 以下，半干旱地区降水量为 200~400mm，黄河上游宁蒙河段年降水量为 150~363mm，属典型的干旱半干旱地区，降水年际变化大，年内分布不均匀。

2.1.3 土壤植被

黄河在流经宁夏回族自治区和内蒙古自治区后，形成的"几"字湾及其周边的流域称为河套平原，河套平原是黄河沿岸的冲积平原，地势较为平坦，并且有黄河灌溉之利，是宁夏与内蒙古重要的农业区和商品粮基地。引黄灌溉打破了黄河上游宁蒙河段荒漠草原与荒漠这一地带性的束缚，该地区土壤类型原包括栗钙土、棕钙土和灌淤土，现在大部分地区已经被灌淤土代替，栗钙土和棕钙土只在局部地区残存，但由于灌溉不合理，盐渍土广泛分布于灌区。从垂直分布来看：灌区表层土壤的盐分远远高于下层土壤，表现出随土壤深度的加深而递减的趋势，这主要是由于在旱季持续的蒸发作用下，深层地下水及土壤中的可溶性盐类借助毛细管上升并在土壤表层集聚；从空间分布来看，靠近黄河两岸的地区，其地下水埋深均比较浅，并且地下水矿化度也比较高，在旱季持续的地表蒸发作用下，盐分在这些地区累积得最多，其含量明显高于其他地方。银川平原南部的绝大部分地区，由于地势较高，地下水埋深较深，地下水矿化度较低，故其盐分含量较低（张源沛等，2009）。

在宁夏境内，沿黄河流经地段分布植被类型是栽培植被、温带亚热带落叶阔叶林、温带亚热带落叶灌丛、矮林，以及局部地区分布的温带灌木、半灌木荒漠植被，其中以栽培植被为主。植物种类相对比较贫乏，多单属科、单属种和寡种植物。粮食作物为一年一熟，如春小麦、水稻、大豆等，经济作物有枸杞、向日葵及苹果等，荒漠植被主要有碱蓬、盐节木、小叶白蜡、天山忍冬、泡泡刺等。在内蒙古境内，托克托县以西部分植被类型以栽培植被为主，粮食及经济作物与宁夏基本相同，而至准格尔旗地段，植被类型由栽培植被为主过渡到荒漠植被为主，在固定和半固定沙丘上主要是锦鸡儿沙地灌丛群落。在引黄灌溉区，苹果适于种植在洪积冲积平原地势相对较高、地下水埋藏较深、无盐渍化和向阳背风的地貌部位，在轻度盐渍化的农田可种植耐盐的糖甜菜；在风沙危害较严重的农田可种植耐风蚀沙埋的胡麻（中国植被图集），营造农田防护林和因地制宜地选用造林树种对于提高作物产量和减轻风沙危害至关重要。

2.2　水利工程概况

为了充分利用水利能源，黄河上游干支流修建了一系列大中型水库，这不仅带来了很大的经济效益，还减轻了洪水、冰凌灾害和干旱灾害，但同时也引起了河道水沙条件的改变。黄河上游宁蒙河段以上的水库主要有龙羊峡、李家峡、刘家峡、盐锅峡、八盘峡、大峡和青铜峡，各水库、电站主要性能指标见表2-1（秦毅，2009）。除了水库工程以外，黄河上游宁蒙河段周边还分布着5个具有悠久历史的特大型古老灌区，青铜峡水利枢纽和三盛公枢纽为灌区灌溉提供水源，灌溉高峰期在5～6月。河流中挟带的大量泥沙使得两大枢纽的运用库容不断减少，迫使水库必须在来水量较大时集中清淤排沙。

表 2-1 黄河流域上游宁蒙河段以上主要工程性能表

梯级名称	龙羊峡	李家峡	刘家峡	盐锅峡	八盘峡	大峡	青铜峡
死水位/m	2530	2178	1696	1618	1576	—	—
正常蓄水位/m	2600	2180	1735	1619	1578	1480	1156
总库容/亿 m³	247	16.5	57	2.2	0.49	0.9	5.65
调节库容/亿 m³	193.5	—	41.5	—	—	—	—
水库调节性能	多年	日周	年	日	日	日	日周
保证出力/MW	589.8	581.1	489.9	204	107	143	90.9
装机容量/MW	1280	2000	1160	396	180	300	302
出力系数	8.3	8.3	8.3	7.9	8.5	8.3	8.4
平均发电量/亿 kW·h	59.24	59	57.6	20.06	10.46	14.56	10.51
装机年利用小时/h	4612		4812	5824	5833	4880	3824
投入运行时间/年	1987	1996	1969	1969	1977	1999	1967
多年平均流量/（m³/s）	650	664	877	877	1039	1040	1050
电站设计水头/m	122	122	100	38	18	24	16
电站最大水头/m	148.5	135.6	114	39.5	19.5	31.4	22

黄河上游宁蒙河段河道摆动剧烈，沿黄河干流从上游到下游沙漠河流段与冲积河流段相间分布，河段内广泛发育着众多崩塌河岸。Yao 等（2011）通过遥感解译方法研究了宁夏至内蒙古河段的河岸侵蚀面积，研究结果表明青铜峡至头道拐河段 1958 ~ 2008 年的河岸侵蚀面积高达 518.38km²，其中左岸侵蚀面积为 257.29km²，右岸侵蚀面积为 261.09km²，是世界河流中侵蚀最严重的河段。根据现场监测资料发现，近三年，黄河穿越河东沙地、宁夏平原、乌兰布和沙漠、河套平原河段及十大孔兑汇流河段塌岸现象尤为突出。其中，黄河上游宁蒙河段穿越沙漠的河段长约 120km，河岸年侵蚀量在 2000 万 ~ 4000 万 t，成为黄河粗沙的重要来源。大量塌岸的发生不仅与上游来水来沙条件有关，还与地形条件、岸边物质组成、气候条件有关。并根据其地理位置、河岸物质等不同，现从沙漠河段、冲积河流段、孔兑入黄口段三个方面分析了黄河上游沙漠宽谷段塌岸的分布特点。

2.3 沿河塌岸空间分布特征

2.3.1 沙漠河段

黄河流经沙漠形成特有的沙漠包围河流的特征，塌岸现象十分严重，其中以宁夏河东沙地段、乌海段、刘拐沙头段尤为突出。

宁夏河东沙地位于黄河宁夏段东侧和东南侧的冲积平原区，包括陶乐县和灵武县的黄河阶地及河漫滩上的沙丘，沿黄河东岸呈南北方向带状分布，长约70km。以流动的新月形沙丘及沙丘链为主，沙丘高度为 3~5m，个别沙丘也达 15~20m。固定、半固定沙丘分布在流沙的边缘，以灌林沙堆为显著特征。黄河河东沙地河段属典型游荡型河段，河道内有大量浅滩分布，河势极不稳定，河流岸坡崩塌现象时有发生，甚至可能发生河流改道情况。以右岸为例，河东沙地右岸岸坡最大高度达 26m，岸坡较陡，稳定性不高，还伴随有顶部拉伸裂缝的产生，容易发生岸滩崩塌，岸滩类型以条崩为主。河东沙地河道摆动剧烈，1967~2008 年右岸向东南方向摆动了 730m。

乌海段位于内蒙古自治区乌海市海勃湾区，黄河流经乌兰布和沙漠，沙漠与河流交织，风沙与水沙交互作用强烈，是风力侵蚀和水力侵蚀的最典型区域，石嘴山水文站和磴口水文站分别位于监测河段的上游和下游。该河段内河岸较低，岸高一般为 1~4m，除了风沙直接入黄之外，岸边泥沙主要通过表层滑移及河岸崩塌入黄。

刘拐沙头位于磴口县境内黄河上游西岸，乌兰布和沙漠东缘，流沙直接向黄河输沙段长达 20 余公里，每年因风沙和塌岸入黄的沙量达 7700 多万 t，致使该地河床平均每年抬高 10cm 左右，黄河水面高出县城所在地巴彦高勒镇 2~3m，形成了名副其实的"悬河"。

2.3.2 冲积平原河段

该河段主要集中在黄河流经宁夏平原、河套平原的区域，河岸崩塌严重的河段主要有陶乐段、磴口段、临河段等。

陶乐镇位于石嘴山市平罗县，黄河经该镇由南而北纵穿而过，南起东来点扬水站引水渠，经王家庄、马太沟村、施家台子村，北至施家台子村七队出境，河岸线长约 13km，沿河段涉及 3 个行政村。据统计，近年来由于河岸崩塌导致该地农田丧失约 200 亩[①]，鉴于此，部分河道整治防护工程于该河段建立。

磴口段位于内蒙古巴彦淖尔市，属于黄河流经河套平原段，靠近三盛公水利枢纽，位于其下游，距离下河沿 485km，监测河段长 3km。河岸物质组成平均粒径为 0.033mm 左右，为均质黏性河岸，河岸坡度大，接近垂直，河岸高度低，一般为 2m 左右。磴口段降水量小，年降水量在 10～200mm，秋末冬初由于河套平原灌溉需水量减小，河水全部进入主河道流往下游，出现由需水量变化导致的水位升高现象，诱发塌岸发生。据统计 2009～2011 年 3km 长河段侵蚀面积超过 100hm²，河岸年均后退距离超过 110m，河岸崩塌侵蚀了大量农田及房屋，严重影响了当地人民正常的生产和生活。

临河是内蒙古自治区巴彦淖尔市市府所在地，临河段为典型的游荡型，近年来由于上游来水量小等原因，其河床条件发生变化，呈现出宽、浅、散、乱的特点，河势摆动频繁，滩岸坍塌严重。临河河道在岸边及河道中心淤积，形成浅滩，部分河段淤泥高达 2m 多，河槽萎缩，河床过水断面不断缩小，致使同流量情况下水位大幅度抬升。河道两岸摆动非常剧烈，1967～2008 年左岸向河道内部摆动范围达 2760m，右岸向河道外部摆动范围达 2740m。由河道淤积引起的水流不稳定使得河道岸坡曲折多变，崩岸面积较大，突发性高，影响范围大。

2.3.3　十大孔兑入黄河段

内蒙古十大孔兑（孔兑系蒙语，即河沟的意思）（刘韬等，2007）位于黄河河套内，发源于鄂尔多斯地台，流经库布齐沙带，横穿下游冲积平原后汇入黄河，介于 108°47′E～110°58′E，39°47′N～40°30′N，集水面积为 10 767km²。从西向东依次为毛不拉孔兑、卜尔色太沟、黑赖沟、西柳沟、罕台川、壕庆河、哈什拉川、母花河、东柳沟、呼斯太河。十大孔兑多为季节性河流，只有汛期才有洪水发生。多年平均径流深在 5～25mm，汛期 4 个月水量可占全年的 60%～80%。十大孔兑上游属鄂尔多斯高原黄土丘陵沟壑区，面积为 5172km²，是半农半牧区，丘陵起伏，沟壑纵横，各孔兑河槽窄深，河道比降约为 1‰，径流主要靠雨洪补给，清水径流少。十大孔兑中游有库布齐沙漠横贯东西（冯国华等，2009），面积为 2762km²。罕台川以西多属流动沙丘，面积为 1963km²，罕台川以东为半固定沙丘，面积为 799km²。当洪水流经沙漠河段时，含沙量进一步增大，粒径进一步变大。十大孔兑下游为洪积、冲积平原，地势平坦，土地肥沃，面积为 2833km²。十大孔兑年均降水量西部不足 250mm，东部逐渐增至 350mm，降水

[①]　1 亩≈666.67m²。

主要以暴雨形式出现，哈什拉川上游的东胜隆起带是骤发性暴雨中心，每年 7 ~ 8 月降雨量占全年降水量的 50% ~ 60%。同时，东胜一带又是大风中心，每年 3 ~ 5 月常有大风天气，年均大风日数达 24d，最大风速达 28 m/s，易造成沙暴。十大孔兑风力侵蚀和水力侵蚀均十分强烈。由于降水少，年均输沙模数仅 2000 ~ 5000 t/km²，但若遇上特大暴雨，次洪输沙模数可达 30 000 ~ 40 000t/km²。在暴雨作用下，沟头溯源侵蚀，沟床下切、侧蚀，岩溶（黄土喀斯特）侵蚀均很严重，重力作用下的泻溜、崩塌和滑坡活跃。十大孔兑中尤以毛不拉及东柳沟崩塌现象显著。

毛不拉孔兑位于内蒙古鄂尔多斯市西北部，发源于鄂尔多斯台地，流经库布齐沙漠，通过冲积平原，最后汇入黄河，是黄河内蒙古段右岸由南向北并行直接入黄的 10 条支流中最西部一条入黄一级支流。毛不拉孔兑属于黄河中游多沙粗沙区，也是泥沙危害最为严重的孔兑之一。毛不拉孔兑主干流长达 110.96km，总面积为 1261km²，水土流失面积为 1084.87km²，多年平均年径流量为 1749 万 m³，年平均输沙量为 566 万 t，输沙模数为 5458t/（km²·a）。毛不拉孔兑河岸遭受潜蚀、崩塌与重力侵蚀等作用后，岸坡土壤出现了黏土及黏土夹层等分层地质现象，形成比较陡的岸坡，稳定性差，容易引发条崩。受含沙量较高的支流入汇影响，黄河河道发生来回摆动更为频繁，黄河河道右岸入汇口河段，1967 ~ 1978 年向河道内部摆动了 2135m，1978 年以后又向河道外部摆动了 2500m。

东柳沟西邻木哈尔河，发源于达拉特旗马场壕乡淡家壕山顶，经白泥井镇于吉格斯太乡九股地北进入黄河。流域全长达 75.4km，沙丘区面积为 431km²，水土流失面积为 413.76km²，平均流量为 0.43m³/s，年径流量为 669 万 m³，径流模数为 3.67 万 m³/（km²·a），年平均输沙量为 167 万 t，输沙模数为 3700t/（km²·a）。东柳沟入汇口黄河岸坡陡峭，稳定性差。右岸存在典型的渐进式窝崩现象，贴岸回流明显。此处河宽为 2 ~ 3km。因支流入汇及窝崩体的特殊岸边形态，水流在河道右岸形成漩涡，一般情况下漩涡长约 1km，宽为 300 ~ 400m，漩涡的发展和壮大又加剧了窝崩的发展。

第3章 典型塌岸河段的现场观测

黄河上游宁蒙河段风沙水沙复合侵蚀严重，河道剧烈摆动、河岸侵蚀严重，致使洪灾多发，防洪大堤溃堤。河岸侵蚀不仅能够改变现有的河岸形态，更能够增加河流的泥沙量，影响河流的水沙关系，进而影响河道的冲淤演变。因此，河岸侵蚀观测是进行河流水沙过程与河道冲淤规律研究的基础。本章对典型塌岸河段的现场观测方法、内容及成果进行详细论述。

3.1 典型塌岸观测河段的选取

3.1.1 典型观测河段的确定

对黄河上游宁蒙河段进行实地考察后，结合遥感影像资料和已有文献资料进行分析，整体把握黄河上游宽谷河段的河岸侵蚀类型及其分布状况，从而确定具有代表性的典型观测河段进行河岸侵蚀观测。在选择典型观测河段时，主要考虑河段的河岸高度、河岸物质组成、河岸形态、河岸土地利用类型。河岸高度包括高岸和低岸，河岸物质组成包括土质、砂质和冲积堆积物，河岸形态包括弯曲和顺直，河岸土地利用类型主要为草地、农地和沙地。现场坍塌量观测河段包括观测河段、考察河段和巡视河段，分别采用详细布点、简略布点和不定期巡视的观测方法。观测河段包括河东沙地、乌海、刘拐沙头、磴口、陶乐、毛不拉和东柳沟七个典型河段（图 3-1、表 3-1），其中河东沙地、乌海属于沙漠河段，磴口、陶乐、东柳沟属于河滩地河段，毛不拉属于十大孔兑之一，是支流入黄河段。巡视河段包括、卜尔色太沟、黑赖沟、西柳沟、罕台川、哈什拉川。差分 GPS 观测点选择毛不拉、陶乐、河东沙地三段作为典型差分 GPS 观测河段（表 3-2）。每年的汛期前和汛期后进行典型河段的测量，观测和评估其河岸侵蚀状况。

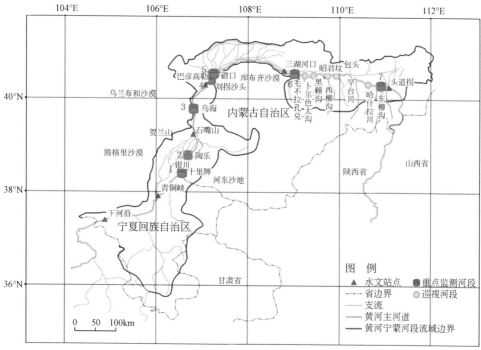

图 3-1 黄河上游沙漠宽谷段观测河段沿程分布图

表 3-1 观测河段位置分布列表

序号	名称	地理位置	GPS 定位	河段分类	观测时间段
1	河东沙地	银川市兴庆区	106°30′E 38°24′N	非黏性	2011～2015 年
2	陶乐	石嘴山市平罗县陶乐镇	106°43′E 38°51′N	黏性	2011～2015 年
3	乌海	乌海市海勃湾区	106°46′E 39°37′N	非黏性	2011～2012 年
4	刘拐沙头	巴彦淖尔市磴口县	106°50′E 40°09′N	非黏性	2013～2015 年
5	磴口	巴彦淖尔市磴口县	107°05′E 40°13′N	黏性	2011～2015 年
6	毛不拉	鄂尔多斯市杭锦旗	109°3′E 34°32′N	孔兑入黄	2011～2015 年
7	东柳沟	鄂尔多斯市达拉特旗吉格斯太镇	110°33′E 40°19′N	孔兑入黄	2011～2015 年

表 3-2　河岸侵蚀 GPS 差分观测地点概况

项目	毛不拉	陶乐	河东
黄河主流河型	顺直段，河面较宽	弯曲段，河面宽窄不一	顺直段，河面较宽
水流运动	深度较小，流速缓慢	深度较大，流速快	深度大，流速快
河岸质地	沙地、土质	土质	沙丘、沙地
测量长度/m	1785	1650	1760
河岸高度/m	0.5 ~ 2	0.2 ~ 2	23 ~ 26
河岸形态	较复杂	近垂直	陡坡，形态较单一
河岸土地利用类型	低矮沙生灌草、耕地	耕地、草地	沙地、退化草地
谷歌地球略图（2011 年）			

3.1.2　典型观测河段概况

（1）毛不拉段

毛不拉段位于内蒙古鄂尔多斯市杭锦旗毛不拉孔兑沟口附近（34°32′N，109°3′E），平均海拔为 980m，属温带半干旱大陆性气候区，年平均降水量为277.2mm，主要集中在夏季。该河段地处库布齐沙漠边缘自西向东流，途经十大孔兑，十大孔兑形态相似，下游地势平坦，在暴雨多发季节易携带大量泥沙入黄。姬宝霖等（2004）指出十大孔兑向黄河输沙的多年平均值约为 2711 万 t，且近年来有增加的趋势。大量的泥沙入黄造成河床淤积、主槽淤堵，威胁当地及黄河下游的河道安全，该河段主要反映了孔兑–沙漠–河流相互作用下的塌岸特征。该河段靠近孔兑沟口，540m 的河岸由各种灌木覆盖，岸高较高，河型呈直线；然后向东河岸高度逐渐变低，土质适宜耕作，土地利用类型为农地，多种植向日葵、玉米。

（2）陶乐段

陶乐段位于宁夏石嘴山市平罗县陶乐镇马太沟乡的西部及北部（38°51′N，106°43′E），平均海拔为 1060m，属温带大陆性气候，年平均降水量为 180mm，多集中于夏季。该河段为弯曲河型，土壤盐碱化严重，存在严重的河岸侵蚀现象。该地区的马太沟二队、五队、施家台子村等地均存在有严重的河岸侵蚀，十余年间河岸侵蚀面积达数十亩地，农民失去生活基础。目前该河段部分地区已修建丁坝等河岸防护措施，用于改善局部水流流向、减弱水流对河岸的侵蚀以保护河岸，但是这些措施改变了原有的水流状态，可能会造成更复杂的河岸侵蚀。该河段河岸土地多用于耕作，土地利用类型为农地，多种植玉米、大豆，该河段在 2014 年 5 月已开始修建丁坝进行河岸防护。

（3）河东沙地段

河东沙地段（又称十里牌段）位于宁夏银川市兴庆区月牙湖乡南部（38°24′N，106°30′E），平均海拔为 1080m，属温带大陆性气候，年平均降水量为 200mm，主要集中在夏季。该河段受风沙活动影响较大，此处河岸土质为明显的二元结构：上部为沙丘沙物质，高 3~5m，下部由较为坚硬的风化物堆积构成，河岸十分陡峭。上部的沙物质在风力作用下入黄，下部的堆积物则在风力、水力的作用下不断风化、冲刷，并逐渐崩解，呈条带状或窝状崩塌下落。根据崩塌下落物质的组成及重量，呈现出不同的侵蚀状况。该河段为沙地，伴有少量的退化灌草地，在 2014 年 5 月该地区已开始进行大面积的固沙工程。

（4）磴口段

磴口段位于内蒙古巴彦淖尔市南部（40°13′N，107°05′E），平均海拔为 1538m，属温带大陆性气候，年平均降水量为 144.5mm，主要集中在夏季。属于黄河流经河套平原段，靠近三盛公水利枢纽，位于其下游，距离下河沿 485km，观测河段长为 3km。河岸物质组成平均粒径在 0.033mm 左右，为均质黏性河岸，河岸坡度大，接近垂直，河岸高度低，一般为 2m 左右。磴口，秋末冬初由于河套平原灌溉需水量减小，河水全部进入主河道流往下游，出现由需水量变化导致的水位升高现象，进而诱发塌岸发生。在 2015 年 7 月该地区已开始进行大面积的固岸工程。

（5）乌海段

乌海段位于内蒙古自治区乌海市（39°37′N，106°46′E），乌海平均海拔为

1150m，属北温带干燥型大陆气候，年平均降水量为200mm，主要集中在夏季。黄河流经乌兰布和沙漠，沙漠与河流交织，风沙与水沙交互作用强烈，该河段河岸属于典型的非黏性河岸。该河段交通比较便利较易于观测，石嘴山水文站和磴口水文站分别位于观测河段的上游和下游，为本书的研究提供了充足的水文数据。乌海观测河段长达1.5km，每隔50m设立一观测断面，共设置31个观测断面。激光坡度仪和差分GPS用来观测河岸形态，河岸形态特征表现为：岸高不一且变化大，坡角稳定，一般在35°左右，岸高在1~5m变化。河岸由沙漠物质组成，物质松散，含水量低，颗粒之间无黏性，河岸稳定时临界坡角在35°左右，由剪切实验测得河岸物质内摩擦角为35°。由于沙漠风沙运动频繁，沙丘移动频繁，河岸高度的时间分布与空间分布均变化较大。国家重点建设项目黄河海勃湾水利枢纽工程于2010年4月开工建设，2013年9月开始蓄水，形成了达118km²水面的"乌海湖"。所以于2013年后放弃该观测段。

(6) 刘拐沙头段

刘拐沙头段位于磴口三盛公水利枢纽工程上游20km（40°09′N，106°50′E），平均海拔为1603m，属温带大陆性气候，年平均降水量为135mm，主要集中在夏季。刘拐沙头段地处乌兰布和沙漠的东北部，位于黄河右岸，周边几乎没有植被，属典型的沙漠化地区。这里的流动沙丘连绵起伏，大部分呈现星月状，最高的沙丘达14m，整个地势倾向黄河，每到冬春刮风季节，西北风卷起大量流沙侵入黄河，每年流入黄河的泥沙达6000多万t，致使河床抬高，严重威胁着下游三盛公水利枢纽的正常运行。目前这一地段的河床已高出磴口县城3m左右，成为黄河中上游的一段悬河。

(7) 东柳沟段

东柳沟位于内蒙古自治区达拉特旗十大孔兑区域东部（40°19′N，110°33′E），其年平均降水量为300mm，主要集中在夏季。东柳沟发源于马场壕乡阿路漫沟，自南向北流经马场壕、吉格斯太乡，从九段地村入黄河。东柳沟沟道总长为75.4km，流域面积为451.2km²。流域主河道中径流主要依靠雨洪补给，降水主要以暴雨形式出现，7~8月降水量占年降水量的50%~60%。由于降水稀少，年均输沙模数为2000~5000t/km²；但若遇上特大暴雨，次洪输沙模数可达30 000~40 000t/km²。洪水过后，河床冲刷最深可达1.29m。由于下游河床泥沙淤积，东柳沟河床高出地面4m。东柳沟入汇口黄河岸坡陡峭，稳定性差。右岸存在典型的渐进式窝崩，贴岸回流明显。此处河宽为2~3km，因支流入汇及窝崩体的特殊岸边形态，水流在河道右岸形成漩涡，一般情况下漩涡长约1km，宽300~400m，漩涡的发展和壮大又加剧了窝崩的发展。

3.2 现场观测方法及数据分析

根据前期的野外实际调查和资料分析，确定典型的观测河段，然后综合考虑野外条件和经济条件，确定利用现场塌岸量观测、差分 GPS 野外观测两种方法进行河岸侵蚀观测，同时采集河岸高度、土壤质地、土地利用等信息，以便后期侵蚀量计算和模型的建立。

3.2.1 现场塌岸量观测

选定的观测河段交通便利，观测方便，数据充足。主要观测时段为 2011 ~ 2015 年，观测指标如下：①河岸条件，坡度、岸高、粒径级配、容重、含水率、河道曲率、内摩擦角、黏聚力；②水动力条件，水深、流速、地下水位；③塌岸特征，塌岸形态、崩塌规模。观测时间包括：汛期前（5 ~ 6 月），汛期（7 ~ 9 月），汛期后（10 ~ 11 月）。具体观测方法见表 3-3 及图 3-2。

表 3-3 现场观测内容及方法

观测指标	观测内容	观测方法	观测点布设	观测时段
河岸条件	坡度	坡度仪测量	纵向：每间隔 50m 布设一观测点，在顺直河段向弯曲河段过渡处添加观测点；垂向：土钻取土，依河岸而定；横向：依河岸剪切实验物质组成与形态特征而定	汛期前：河岸形态特征、坡体物理性质、力学性质；汛期：塌岸过程观测；汛期后：河岸形态特征、坡体物理性质、力学性质、塌岸特征
	岸高	皮尺、坡度仪结合测量		
	河道曲率	GPS、坡度仪测量		
	粒径级配	激光粒度仪法		
	容重	环刀法		
	含水率	烘干法		
	内摩擦角	剪切实验		
	黏聚力	剪切实验		
水动力条件	地下水位	孔隙水压计		
	水深	钢尺测量		
	流速	浮标法		
塌岸特征	塌岸形态	实地观测		
	崩塌规模	控导线法		
		GPS 定位		

(a)现场定桩及测量岸高

(b)河道取沙及样品预处理

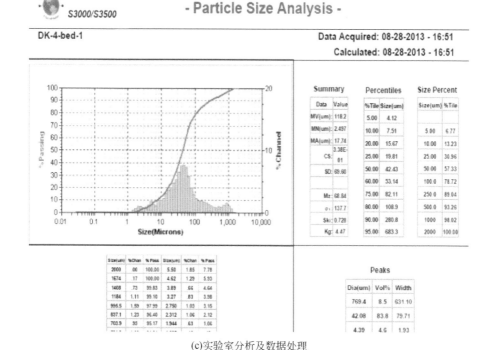

(c)实验室分析及数据处理

图 3-2　观测方法及数据处理

3.2.2　差分 GPS 野外观测

差分 GPS 测量技术是利用载波相位定位原理进行测量，这种实时动态定位技术需要至少两台以上的接收机，将其中一台作为基准站设在国家控制网的已知坐标点上，利用另一台 GPS 接收机作为移动站进行测量（图 3-3）。由于实际测量过程中，一般缺少国家高等级的控制网点，因此根据中海达 V8/V30 GNSS（global navigation satellite system，全球卫星导航系统）RTK（real-time kinematic，实时动态载波相位差分技术）系统要求，在首次观测后至少选取三个已知点作为控制点（图 3-4），构成后期测量系统的计算依据。测量选择广州中海达卫星导航技术股份有限公司生产的毫米级高精度差分 GPS 仪器（GNSS RTK V30/V8），该 GPS 系统为新一代基于 CORS（continuous operational reference system，利用多基站网络 RTK 技术建立的连续运行卫星定位服务综合系统）技术的 RTK 系统，采用超长距离 RTK 技术，第三代 GPS 卫星 L5 信号接收技术。实时差分精度为平面± $(10\text{mm}+1\times10^{-6}\text{D})$，高程± $(20\text{mm}+1\times10^{-6}\text{D})$。

图 3-3　差分 GPS 基准站和移动站

图 3-4　差分 GPS 控制点

（1）测量基准站的建立

利用 GPS 进行测量前，首先确定测量基准站。基准站的确定要满足地势平坦，周围开阔无遮挡、无其他明显信号等人为干扰的地方。测区的范围在 5km 内可采用内置电台模式，10km 内可选用外挂电台模式，30～40km 宜选用中国移动 SIM 卡作为 RTK 数据传输模式。针对本书，典型河段长度都在 5km 以内，因此选取信号稳定、接收灵敏、基站配套简洁且适合小范围外业的内置电台进行测量。

（2）测量控制点的确定

在工程测量中，为了对比研究不同时相的地形特征的变化，需统一测量坐标系，即将后续观测记录统一到同一地理参考空间中，这就需要对各期数据的处理采用相同的标准。因此，首期观测时确定的控制点则作为后续各期测量数据分析计算的基础依据。控制点的选取应兼顾易寻找和不易被侵蚀或人为破坏的双重原则，选取 3 个或 3 个以上不共线且能覆盖整个测量区的点，作为已知控制点，构成测量系统解算基础。由于毛不拉段距离人群村庄较远，不易寻得较近的参照物，因此在此段通过埋设 1.2m 长的铁钎做标记作为已知控制点。为了不引起牧羊人及动物的注意，将铁钎深埋入地表以下，并用沙土、周围植物等将铁钎覆盖。对于陶乐段及河东沙地段而言，测量河段距离人群、公路较近，选取省道公路里程碑、铁桩等明显且不易变动的地物作为已知控制点。首次测量时，应记录下控制点的经纬度高程信息及平面坐标，为后续各期观测起始时的解算奠定基础。此外，为了方便后期控制点的快速定位，在初次记录控制点的同时，应拍摄附近景观信息、使用手持 GPS 记录点位等辅助记录已知控制点的位置。在之后每期测量中，需先在已知控制点上采集点位信息，再通过求解参数，将本次测量的数据信息统一到首次设定的测量坐标系中。之后，待 GPS 手簿显示"固定解"时即可开始测量。

（3）测量采样点的选择

GPS 测量技术在沟蚀测量、工程土方量计算及矿业作业中已有较为成熟的应用，但目前缺少在大河流河岸侵蚀观测方面的应用。由于河岸塌岸测量与沟蚀、工程土方量计算不同，危险性较大，且受河道、河岸边界限制，难于观测。对黄河而言，即使在枯水期，河岸侵蚀量均比国外研究的河段规模大得多，相应的水位、流量甚至有若干数量级的差异。在目前条件下，对于黄河我们无法像国外学者那样在枯水期对仅数米宽的溪流、河流进行整个河段断面（包括河岸水面以上部分、岸坡坡脚、河床等）的精细测量。而在选择典型观测河段时，也不可能参考工程地质调查中针对少数固定点，进行变形观测。因此，测量时，应在兼顾安全并尽可能多获取有效点信息的原则下，获取河流形态变化的特征点。

根据陈引川和彭海鹰（1985）的研究，在水流冲刷强度大体均衡的情况下，当河岸抗冲性沿程变化也比较均一时，河岸线侵蚀基本遵循"平行后退"的原则。在河岸实际测量过程中需要重点测量河岸边线的位置，根据典型观测河段的河岸形态，对河岸形态进行合理概化，分为阶梯形和斜坡形（图3-5），然后进行 GPS 测量。在实际测量中需要特别注意两个问题：河岸线位置确定和测量密度大小。由于黄河主干道摆动较大，加之沿岸人类活动影响频繁，经常会遇到次生岸和人工岸。在测量过程中需要对观测地段的多级河岸进行定位测量，以便进行不同测次间的数据对比。采样密度不仅在很大程度上确定了劳动量，更决定着研究和计算尺度。实际操作中在曲率较大河段加密采点，突出河岸的特征点，但尽可能保持采样间隔相对稳定均一。在实际测量过程中，采样点密度可达到 0.5~1 个/m。同时，针对河岸侵蚀的测量属于不规则数据的测量这一特殊情况，需要对地形的特征点、特征线及非特征点线进行采样。其中，特征点和特征线对河岸地形的重建起到了决定性的作用，非特征点、线则作为适当的辅助补充，可根据工作量大小适度采集。在河岸地形起伏多变时，应多采集特征线、特征点，以便如实反映局部地形的细微区别。当河岸地形较为清晰简单时，可适当减少采样点数量，以节省野外作业时间。

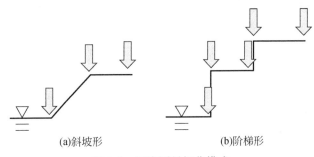

(a)斜坡形　　　　　　　　　(b)阶梯形

图 3-5　河岸测量概化模式

（4）野外测量过程

在确定 GPS 测量的基准点、控制点和测量原则后，即可进行河岸侵蚀测量。测量过程中采用中海达差分 GPS 仪器，GPS 测量过程包括 5 个步骤：建立项目，设置基准站，设置移动站，求解转换参数，进行碎步测量。在进行测量前要注意选择符合当地的测量坐标系统。本书中选取的坐标系统为北京 54 坐标系，高斯克里格三度带投影。

（5）河岸高度测量

为了计算河岸侵蚀体积，还需要记录河岸的岸高，在河流岸线测量的同时需要对岸高变化处进行测量。根据概化的河岸模型，将河岸划分为若干段，对区域内的河岸进行高度测量。实验中使用器材 5m 钢尺或 30m 卷尺，后来为了测量方便制作了带有刻度的十字空心钢棍（图 3-6）。

(a)卷尺测量　　　　　　　　　　　(b)十字空心钢棍测量

图 3-6　河岸高度测量

（6）河岸土壤采集

土壤容重大小反映土壤结构、透水性及保水能力，从而间接反映了土壤间黏结力；土壤机械组成表示组成土壤不同大小土粒的百分比，它对土壤的理化性质有着很大的影响。两者都直接或间接影响土壤受水流作用后塌岸的程度。野外土壤样本的采集有助于定性和定量研究土壤特性与塌岸量大小之间的关系。因此，野外测量过程中，针对测量河段河岸组成物质变化，选取若干河岸沿剖面等距离采集环刀样，计算不同地段河岸不同深度的土壤容重（图 3-7），然后根据土壤容重，即可计算河岸的侵蚀量。

图 3-7　河岸土样采集过程

3.2.3 观测数据整理分析

(1) 野外土样处理

土壤容重测定一般采用环刀法和蜡封法，本实验采用比较简单准确的环刀法。实验所用环刀体积为 100m³，实验过程中所用天平分度为 0.01g。由于环刀采用的土壤除了需要测定容重指标外，还需要测定土样的机械组成，因此采用从环刀中取出部分土壤用于测定含水量，再利用如下公式计算土壤干容重：

$$d_v = \frac{M \times 100}{V \times (100 + W)} \tag{3-1}$$

式中，d_v 为土壤干土重，g/cm³；M 为环刀中湿重，g；V 为体积，cm³；W 为土壤含水量，%。土壤机械组成测定原理是通过不同颗粒沉降速率来分析土壤颗粒组成的，目前最常用的方法有吸管法、比重计法、激光粒度仪法等，本实验采用吸管法。经过称重、配制试剂、吸湿水测定、除有机质、分散、沉降吸液等环节后，得到各粒级含量，计算土壤机械组成。

(2) 测量数据处理

GPS 测量数据的处理一般应用 ArcGIS 软件完成。从 GPS 手簿中导出测量点位信息，并对测量点信息进行检查编辑，保留"固定解"得到的采样点，以确保点信息的有效和可靠。然后将测量数据加载到 ArcGIS 软件中进行处理。测量数据的处理包括两种方法：栅格运算法和面积计算法。在前期，毛不拉段和陶乐段根据测量的数据先生成栅格数据，然后对不同时期的栅格数据进行运算；河东沙地段则是将前后两次的测点所包含的范围生成面，统计面积大小，再乘以岸高，得到侵蚀体积。这是由于河东沙地段的地表覆盖等自然地理条件与另两个采样点极不一致，采样难度很大。其崩塌方式与机理也与毛不拉段、陶乐段相去甚远。为了减少由于计算可能产生的偏差，使用相同范围作为共同边界，乘以该段相对稳定的岸高，即可得到侵蚀后退的体积。而在后期，对测量方法和计算方法的优化，毛不拉段和陶乐段采用河岸线法进行计算，而河东沙地段由于河岸线几乎不变，则未参与后期的计算。

3.3 河岸塌岸量的估算方法

河岸侵蚀量计算采取三种方法：①野外 GPS 测量的数据经室内处理后进行河岸侵蚀量的计算；②根据购买的遥感影像和下载的 Geoeye 影像、TM 遥感影像提取河岸线进行河岸后退面积的计算；③采用美国农业部提出的 BSTEM 模型进行河岸侵蚀量的计算（见 7.2 节）。最后分别对比分析后两种计算方法与 GPS 测量计算方法的结果，对比分析每种方法的优缺点，为河岸侵蚀观测提供技术支撑。

3.3.1　GPS 测量计算

利用 GPS 测量数据进行河岸侵蚀量的计算，其原理与传统的侵蚀针或测断面法类似，但该方法不需要像侵蚀针法将提前制作特定规则的侵蚀针插入岸坡上，也不需要像断面法在河岸两侧布设木桩等。GPS 测量计算方法更加方便和可靠，可避免因侵蚀针丢失造成的数据不完善；且具有时间连续性，能够直接反映河岸侵蚀的三维变化。

2011 年 10 月至 2014 年 10 月，对河东沙地、毛不拉、陶乐 3 个典型塌岸河段共完成了 7 次 GPS 野外测量，共测得 35 000 余点，河岸线的平均测点密度为 0.5～1 个/m，满足了后续河岸侵蚀量的计算。为对比汛期前后河岸侵蚀的状况，选择每年的 6 月和 10 月进行野外观测。同时，针对测量河段组成物质变化，选取若干河岸沿剖面等间距（50cm）采集环刀样，共 19 组，计算不同河岸不同深度的土壤容重，根据测量所得的河岸侵蚀体积计算河岸侵蚀量。

根据实测的河岸线位置坐标和高程变化数据，依据"平行后退"的原则，先将测量河段按照不同的河岸高度划分为若干计算单元，分别计算每个单元的河岸侵蚀体积，河岸侵蚀体积则采用河岸退后面积乘以对应岸高，再逐层累加的计算方法，计算公式如下：

$$\text{VOLUME} = \sum_{i=0}^{n} A_i H_i \tag{3-2}$$

式中，VOLUME 为河岸侵蚀体积；A_i 为河岸退后面积；H_i 为河岸高度。

具体计算过程在 ArcGIS 软件中完成（图 3-8），包括河岸线提取，后退面积的生成，河岸后退面积和侵蚀量的计算。首先，将测量数据导入 ArcGIS 中，按照实际的测量坐标系统给数据赋予投影信息，并将每期测量数据生成河岸线。其次，对相邻两期测量的两条河岸线进行编辑，使其相交并转化为面，并删除人为测量的误判所致面。最后，计算图层的面积，即得到河岸退后面积。将带有高程信息的数据点加入同一图层，在属性表中依次添加退后面的高程属性，用高程数据乘以对应的面积，即得到河岸侵蚀体积；再乘以对应的河段土体容重，即得到河岸侵蚀量。

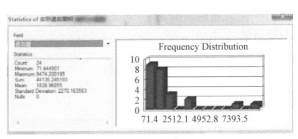

FID	Shape	area	height	Volume	Amount
0	Polygon ZM	1766.23	1.8	3179.21	4069.39
1	Polygon ZM	3242.4	1.8	5836.32	7470.49
2	Polygon ZM	628.018	1.7	1067.63	1366.57
3	Polygon ZM	77.5227	0.72	55.8163	71.4449
4	Polygon ZM	76.3765	1.05	80.1953	102.65
5	Polygon ZM	143.123	0.85	121.655	155.718
6	Polygon ZM	739.446	1	739.446	946.491
7	Polygon ZM	153.166	0.46	70.4564	90.1842

(a)陶乐塌岸面积示意图   (b) ArcGIS中的计算过程

图 3-8　陶乐段测量和计算过程

3.3.2　遥感影像计算

利用遥感影像进行河岸侵蚀量计算对长时间段内的塌岸研究或者短期内塌岸较严重的地区具有十分大的优势。该方法可节省野外测量所需的财力和物力，只需要获得某时期的影像产品即可；另外遥感影像中所覆盖的范围广，这为大流域塌岸研究带来了极大方便。

利用遥感影像计算河岸塌岸量，最重要的是通过目视解译对河岸边界进行提取。在目视解译中，利用已有的先验知识结合 Google Earth 影像进行河岸线的判定。若影像数据为 TM 影像或 Quick Bird 影像，可以将其直接加载到 ArcGIS 软件，人工矢量化出边界；若数据来源于 Google Earth 等软件，可先在软件中划出对应时间内的线文件，然后利用 ArcGIS 软件进行分析。最后根据矢量化的河岸线进行不同时期河岸后退面积的计算。受野外测量数据时间节点和时间尺度的限制，很难收集到每一期与实测时间完全同期的影像数据。因此，影像资料收集时，综合各种数据源将影像分为低精度 Landsat 卫星和高精度 Quick Bird 或 Google Earth 数据（图 3-9）。

(a) TM影像　　　　　　　　(b) Google Earth影像

(c) Quick Bird影像

图 3-9　毛不拉段三种不同影像

3.4　差分 GPS 观测结果

3.4.1　典型河段侵蚀测量结果

（1）一维变化

河岸侵蚀的一维尺度变化即河岸平均后退距离，是由不同时期测量的采样点生成的多边形面积除以测量河段长度得来的。由于每个典型观测河段的后退形态并不完全为规则矩形，特别是陶乐段河流形态为弯曲型。因此，在本书中，通过计算河岸后退面积，再除以测量长度，得到河岸一维层面上的平均变化，即平均后退距离（表3-4）。

表 3-4　典型河段河岸侵蚀后退距离　　　　　　　　（单位：m）

时段 后退距离		毛不拉灌木段		毛不拉农地段		陶乐段	
		汛期	非汛期	汛期	非汛期	汛期	非汛期
2011.10～2012.6	最大后退距离	—	3.01	—	23.53	—	65.92
	平均后退距离	—	0.42	—	4.28	—	16.52

时段	后退距离	毛不拉灌木段		毛不拉农地段		陶乐段	
		汛期	非汛期	汛期	非汛期	汛期	非汛期
2012.6 ~ 2013.6	最大后退距离	3.27	1.72	25.93	8.76	20.12	9.43
	平均后退距离	0.56	0.26	5.34	1.06	4.4	0.92
2013.6 ~ 2014.6	最大后退距离	2	3.04	9.82	31.3	1.82	8.17
	平均后退距离	0.2	0.53	1.32	6.13	0.18	0.72
2014.6 ~ 2014.10	最大后退距离	32.5	—	132.4	—	2.84	—
	平均后退距离	8.98	—	78.7	—	0.45	—

毛不拉灌木段在 2011 年 10 月至 2014 年 6 月的 6 次观测中河岸后退距离较小，河岸平均后退距离约为 0.39m，在 2014 年 10 月测量结果则显示 2014 年 6 月至 2014 年 10 月的汛期河岸平均后退距离约 9m，最大后退距离可达 32.5m，河岸发生严重侵蚀。毛不拉农地段呈现出同样的规律，但其河岸后退距离明显大于毛不拉灌木段。2011 年 10 月至 2014 年 6 月河岸平均后退距离约为 3.4m，为灌木段后退距离的近 9 倍，而 2014 年汛期其河岸平均后退距离更是高达 78.7m，大量农田被毁，河岸形态发生显著变化。

陶乐段在 2011 年 10 月至 2012 年 6 月非汛期发生了严重河岸侵蚀，平均后退距离为 16.52m，其后河岸侵蚀强度减弱，平均后退距离约 0.82m，到了 2014 年 6 月再去观测时该河段已在修建丁坝护岸工程，对之后河岸后退距离、面积、侵蚀体积等河岸侵蚀量的计算产生了一定影响。

（2）二维变化

河岸侵蚀的二维变化即后退面积，根据野外采集的测量，选出河岸线点，利用 ArcGIS 软件生成河岸线，然后根据两期的河岸线求得河岸后退面积（表3-5）。在测量长度不变的情况下，二维变化反映的数量差异本质与一维变化相同。比一维变化更精准的是，二维变化能够表达出具体侵蚀的平面形态，一维变化则将这种变化降为概化。

表 3-5　典型河段河岸侵蚀后退面积　　　　　　　　　（单位：m²）

时段	后退面积	毛不拉灌木段		毛不拉农地段		陶乐段	
		汛期	非汛期	汛期	非汛期	汛期	非汛期
2011.10 ~ 2012.6		—	226	—	3 648	—	25 311
2012.6 ~ 2013.6		313	147	7 009	1 405	7 992	1 677
2013.6 ~ 2014.6		109	311	1 957	9 498	290	1 177
2014.6 ~ 2014.10		5 056	—	111 032	—	765	—

（3）三维变化

河岸侵蚀的三维变化即河岸侵蚀体积及其侵蚀量，这也是进行典型河段测量的最终目的，是进行黄河上游水沙关系和河道冲淤演变规律研究的基础。毛不拉农地段由于岸高较低，其土壤水分含量受河流水位影响严重。在对此处土壤采样时发现，岸上土壤含水量明显高于灌木草地段，且土壤质地在近河一端与远离河流一端区别明显，有淤积的迹象。这表明在水位较高时，河水漫过农地段，使得该段土体自重上升；当水位下落时，河岸土体失稳崩塌。另外，在非汛期黄河上游沙漠宽谷段存在严重的凌汛现象，凌汛对河岸的土体特性产生影响，加剧了河岸侵蚀导致河岸崩塌。表 3-6 和表 3-7 中毛不拉河段至 2013 年 10 月开始河岸侵蚀体积及侵蚀量急剧增加，河岸侵蚀严重。2013 年 10 月至 2014 年 10 月一个水文年河岸侵蚀量高达 15.8 万 t，其中毛不拉农地段河岸侵蚀量为 14.8 万 t，毛不拉灌木段则由于地表覆盖低矮灌木，发达的根系对河岸土壤有一定的作用，因此河岸侵蚀量远远小于毛不拉农地段。同时，在 2014 年汛期毛不拉农地段的河岸侵蚀剧烈，仅 5 个月的时间河岸侵蚀体积约为 8.8 万 m³，侵蚀量更是高达近 13 万 t，经实地调查发现该段时间降水并无异常，河岸土地利用也未发生变化，但该河段原有的心滩已完全消失。因此，经研究该时段河岸侵蚀异增的原因可能是河道自身规律演变。这也充分的表明了该河段河岸侵蚀的复杂性。

表 3-6　典型河段河岸侵蚀体积　　　　（单位：m³）

侵蚀体积 时段	毛不拉灌木段		毛不拉农地段		陶乐段	
	汛期	非汛期	汛期	非汛期	汛期	非汛期
2011.10～2012.6	—	270	—	3 218	—	34 481
2012.6～2013.6	377	172	6 297	1 170	10 326	1 862
2013.6～2014.6	124	466	1 965	12 272	382	2 123
2014.6～2014.10	6 108	—	87 953	—	1 375	—

陶乐段沿岸分布有大片耕地，河岸组成较简单，没有明显的垂直分层结构。该河段为弯曲河段，水流的侵蚀作用强烈。2011 年 10 月至 2012 年 10 月河岸侵蚀量约 6 万 t，河岸侵蚀严重（表 3-7）。与毛不拉农地段类似，该段河岸岸高受水位的影响较大，且河岸土壤物质组成较细，春季开河后，土体突然失去河流作用于河岸的侧向静水压力后失稳，导致河岸崩塌。另外，该区属于基本农田保护区，但黄河沿岸的农田、水塘、村民房屋近年来迅速被黄河水吞噬，河流摆动幅度增加，河岸侵蚀剧烈，急需相关治理措施的施行。因此，在 2014 年 6 月该地已经开始修建丁坝进行河岸防护，这在一定程度上缓解了后期

河岸侵蚀加剧。

表 3-7　典型河段河岸侵蚀量　　　　　　　（单位：t）

时段 ＼ 侵蚀量	毛不拉灌木段		毛不拉农地段		陶乐段	
	汛期	非汛期	汛期	非汛期	汛期	非汛期
2011. 10 ~ 2012. 6	—	378	—	4 376	—	44 136
2012. 6 ~ 2014. 10	528	241	8 564	1 591	13 217	2 383
2013. 6 ~ 2014. 6	174	651	2 672	18 162	489	2 717
2014. 6 ~ 2014. 10	8 852	—	130 170	—	1 761	—

3.4.2　河岸形态模拟

基于差分 GPS 测量的数据，将实测点通过 ArcGIS 软件进行处理，生成不规则三角网（triangulated irregular network，TIN）。采用最重要的两条特征线即河岸线和水岸交接线作为隔断线，对 TIN 进行编辑，生成河岸形态三维模型；利用 ArcGIS 的三维显示功能，模拟当次测量时的毛不拉灌木段河岸三维形态（图 3-10）。图 3-10（a）为 2012 年野外测量点；图 3-10（b）为由测量点生成的河岸三维模型，其中颜色越浅表示高程越高；图 3-10（c）为测量生成的河岸模型叠加遥感影像后的图，更加真实地模拟河岸形态。另外，野外测量生成的河岸形态与遥感影像能够完全吻合，从而也验证了差分 GPS 测量技术在河岸侵蚀研究领域中的应用。

3.4.3　河岸侵蚀模数及分析

（1）河岸侵蚀模数

河岸侵蚀模数定义为单位时间内单位长度的河岸侵蚀量。河岸侵蚀模数一方面能够从距离上表征河岸侵蚀量，便于不同地段侵蚀量的对比；另一方面，河岸侵蚀模数可反映一段河岸在一个水文年的河岸侵蚀状况。若把河岸侵蚀看作土壤侵蚀的类型，按水利部土壤侵蚀强度分级标准，毛不拉灌木段为强度侵蚀，但毛不拉农地段的侵蚀速率已达到剧烈程度，见表 3-8。陶乐段河岸侵蚀主要发生在 2011 年的非汛期，河岸侵蚀量为 44 136t，其河岸侵蚀强度达到极强度侵蚀。

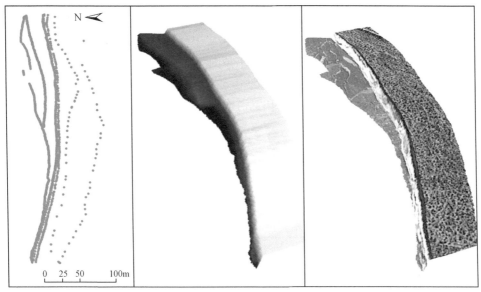

(a) 2012年野外测量点　　　　(b)河岸三维模型　　　　(c)河岸三维模型加遥感影响图

图 3-10　毛不拉灌木段河岸三维形态模型

表 3-8　典型河段河岸侵蚀模数

地点	水文年/a	测量长度/m	累积体积变化/m³	侵蚀量/t	河岸侵蚀模数/[t/(km·a)]
毛不拉灌木段	3	536	7 517	10 823	6 681
毛不拉农地段	3	1 250	112 875	165 536	44 142
陶乐段	3	1 690	50 549	64 703	12 762

（2）毛不拉孔兑河岸侵蚀特征

野外测量的毛不拉段正位于毛不拉孔兑的西部，与灌木段相邻，每次测量时也取得了相应的数据，用以研究毛不拉孔兑对黄河干流泥沙量的影响。鄂尔多斯共有十大孔兑自南向北流经库布齐沙漠，最终汇入黄河，毛不拉孔兑是其中长度最长，流域面积最大的一个。毛不拉孔兑平时无水，但到了夏秋时节，降雨充沛，山洪暴发形成高含泥沙的水流一泻而下，对黄河干流水沙过程产生很大影响。因此，对于观测毛不拉孔兑的塌岸量也十分有必要。

毛不拉孔兑段河岸侵蚀基本参数的变化情况见表 3-9。毛不拉孔兑段河岸侵蚀比干流段更为严重，特别是 2012 年、2013 年的夏秋两季。受河岸侵蚀影响，孔兑段河岸退后的距离最大达 20.43m，塌岸量最大为 7552t。通过比较汛期和非汛期的数据也不难发现，毛不拉孔兑处河岸汛期塌岸量要远大于非汛期，约占到全年的 73.4%。对比毛不拉支流孔兑处的河岸侵蚀量与邻近毛不拉灌木段的侵蚀量发现，毛不拉孔兑侵蚀量要远大于毛不拉灌木段侵蚀量，若以单位长度的河岸量计算，毛不拉孔兑侵蚀量的最大值为灌木段最大值的 55 倍。因此，毛不拉孔兑汛期时的水流侵蚀主要作用在对孔兑河岸的影响上，对于黄河干流河岸的影响较小。

表 3-9　毛不拉孔兑崩岸参数

时段 侵蚀参数	2011. 10 ~ 2012. 6	2012. 6 ~ 2012. 10	2012. 10 ~ 2013. 6	2013. 6 ~ 2013. 10
测量长度/m	122	120	150	164
后退距离/m	3.96	20.43	5.65	13.57
侵蚀面积/m²	484	2452	847	2225
侵蚀体积/m³	1016	5394	1694	5006
侵蚀量/t	1423	7552	2731	7008

（3）河岸侵蚀影响因子分析

根据黄河毛不拉河段的观测结果，2011 年 10 月 ~ 2014 年 10 月毛不拉灌木段河岸侵蚀量为 10 824t，单位长度的崩塌量为 21 645t/km，而毛不拉农地段河岸侵蚀量达 165 535t，单位长度崩塌量为 132 429t/km。该灌木河段与农地段在河型、岸高和水文条件等方面完全相同，仅河岸的土地利用类型不同，这表明河岸土地利用类型会对河岸塌岸量产生显著的影响，灌木根系的护岸作用要明显强于农地，导致河岸侵蚀强度小于农地段。

为了表示和测量河段的弯曲程度对塌岸侵蚀的影响，这里定义了河岸弯曲度（S）因子，即测量河段长度（L）与河段端点距离（D）的比值。S 值越大，表示河岸越弯曲或者岸型变化越大。通过比较毛不拉农地段和陶乐农地段的平均弯曲度发现，毛不拉农地段的 S 平均值为 1.035，陶乐段的 S 平均值为 1.303，具体弯曲度见表 3-10。同时，2011 年 10 月至 2013 年 10 月毛不拉农地段的河岸侵蚀量为 17 204t，单位长度塌岸量为 13 764t/km，而陶乐段达到 60 225t，单位长度塌岸量为 35 636t/km。又因两段河岸的岸高基本都在 1.3m 左右，所以河流塌岸量与河岸的弯曲度呈现明显的正相关。

表3-10　毛不拉农地段与陶乐段弯曲度

地区＼时段	2011.10~2012.6	2012.6~2012.10	2012.10~2013.5	2013.5~2013.10	平均值
毛不拉农地段	1.03	1.05	1.03	1.03	1.035
陶乐段	1.34	1.25	1.39	1.23	1.303

在计算河岸侵蚀量的过程中，岸高与河岸侵蚀量之间的关系可以通过塌岸面的岸高与单位长度的侵蚀体积反映（图3-11）。在河岸形态和土地利用类型等相对一致时，单位长度侵蚀体积与岸高的关系随塌岸量大小不同而发生变化。以陶乐河岸四期数据为例，对于侵蚀量较大的前两次数据〔图3-11（a）和图3-11（b）〕，单位长度侵蚀体积随着岸高的增加逐渐增加，特别是岸高在1.5m以下时，增加趋势比较显著；对于侵蚀量较小的后两次数据〔图3-11（c）和图3-11（d）〕，前者在岸高处于1~2m段出现较低值，但后者表现的趋势基本与侵蚀量较大的两次相同。出现这种现象的原因可能是塌岸侵蚀量还受洪峰流量、峰间时间及前期土壤含水量等因素影响，河岸侵蚀量与岸高间的定量关系还需要今后观测数据的进一步验证。

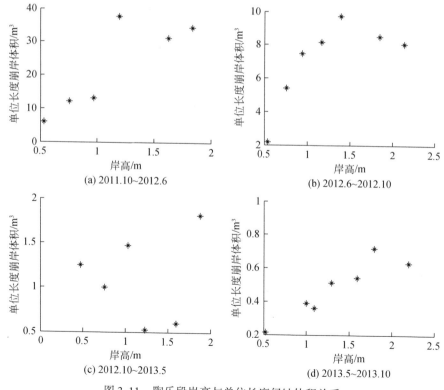

(a) 2011.10~2012.6

(b) 2012.6~2012.10

(c) 2012.10~2013.5

(d) 2013.5~2013.10

图3-11　陶乐段岸高与单位长度侵蚀体积关系

3.4.4 差分 GPS 测量计算与遥感影像计算结果对比分析

利用遥感影像进行河岸侵蚀量的计算，只能获取二维平面的河岸后退面积，因此通过对比两种方法计算河岸后退面积，分析差分 GPS 测量计算（实测数据）和遥感影像计算（遥感数据）的精度。表 3-11 对比了两种方法估算黄河典型塌岸段的退后面积。但实际计算过程中，由于 TM 影像数据精度较低，以及短期内河岸侵蚀后退距离较小，30m 精度的 TM 影像很难用于解译前后岸边界线的变化，因此计算时采用精度较高的 Quick Bird 影像和 Google Earth 数据。

表 3-11　遥感数据与实测数据退后面积对比　　　　（单位：km²）

典型河段	遥感数据退后面积	实测数据退后面积
毛不拉灌木段	704	569
毛不拉农地段	10 573	10 371
陶乐段	46 660	35 270

注：毛不拉灌木段和毛不拉农地段遥感数据时间为 2012 年 1 月 10 日至 2013 年 3 月 8 日，实测数据时间为 2012 年 6 月至 2013 年 6 月；陶乐段遥感数据时间为 2012 年 2 月 15 日至 2013 年 4 月 29 日，实测数据时间为 2011 年 10 月至 2013 年 6 月。

表 3-11 中可以发现遥感数据计算的塌岸退后面积都要比实测退后面积大。因为精度较高的遥感数据实在不易获得，研究对比过程中只能选择接近的实测时间与取得的遥感数据对比。从前后对比结果可以发现，时间跨度较大的遥感数据要比实测数据计算退后面积大。另外，在利用遥感影像解译河岸线时，受影像分辨率和目视解译的主观因素的影响，使得解译的河岸线与实测的河岸线存在差异，进而导致利用遥感影像估算的河岸后退面积大于利用实测数据计算的河岸后退面积。因此，在利用遥感影像进行河岸后退面积计算时，要尤其注意河岸线的提取。

3.5　2011～2015 年典型塌岸河段现场观测

3.5.1　塌岸现场观测点布设

为了计算并对比分析不同时期河岸侵蚀特征及其变化，将每年 6 月到次年 10 月塌岸侵蚀量作为该年汛期侵蚀量，而每年 10 月到次年 6 月的侵蚀量作为非汛期塌岸侵蚀量，相邻汛期和非汛期之和构成一个完整水文年的河岸侵蚀量。为了反映不同河段的真实形态，本书首先对测量河段的河岸形态进行了模拟，然后计算河岸侵蚀量随时间的变化，主要通过河岸后退距离、后退面积、侵蚀体积、侵蚀量及河岸侵蚀模数等侵蚀参数来表征。

2011～2015 年共计完成了 22 次典型重点塌岸河岸（自上而下依次为河东沙地、陶乐、磴口、乌海、刘拐沙头、毛不拉、东柳沟）的野外观测，获得大量河岸特性基础数据（包括河岸形态 165 组、粒径级配 1820 组、剪切强度 44 组、容重 421 组、含水量 421 组、孔隙水压 60 组）。河东沙地、刘拐沙头、乌海为风沙塌岸观测点，由于乌海观测点 2013 年已被大唐国际发电股份有限公司承建的海勃湾水库淹没，风沙塌岸观测点自 2013 年移至刘拐沙头。陶乐、磴口为淤沙塌岸观测点，毛不拉、东柳沟为支流入汇塌岸观测点，典型塌岸观测点分布如图 3-12～图 3-18 所示。

图 3-12 典型塌岸观测点分布及观测内容

注：1、2、3、4、5、6、7、8、9、10 代表观测点编号。

（1）风沙塌岸观测河段

(a) 2014.5.17   (b) 2014.10.29

图 3-13 河东沙地观测河岸塌岸状态

(a) 2014.5.19　　　　　　　　　　　　(b) 2014.10.26

(c) 2014.5.19　　　　　　　　　　　　(d) 2014.10.26

图 3-14　刘拐沙头观测河岸塌岸状态

（2）淤沙塌岸观测河段

(a) 2014.5.22　　　　　　　　　　　　(b) 2014.9.14

图 3-15　陶乐观测河岸塌岸状态

(a) 2014.5.18　　　　　　　　　　　(b) 2014.10.26

图 3-16　碛口观测河岸塌岸状态

（3）支流入汇塌岸观测河段（孔兑入汇河段）

(a) 2014.8.2　　　　　　　　　　　(b) 2014.10.27

图 3-17　毛不拉观测河岸塌岸状态

(a) 2014.5.21　　　　　　　　　　　(b) 2014.10.28

图 3-18　东柳沟观测河岸塌岸状态

图 3-19 塌岸河段河岸土沙和床沙采样

3.5.2 现场观测组次及基本情况

以黄河上游宁蒙河段塌岸总量及塌岸机理研究为中心思想,对黄河上游沙漠宽谷段进行了为期5年的现场观测,依据时间顺序将主要成果呈现如下。

1)2011年5~10月对黄河沙漠宽谷段共进行了5次大范围的现场观测,自上游至下游分别考察了河东沙地、陶乐、乌海、磴口、临河5个干流河段,以及卜尔色太沟、哈什拉川、罕太川、黑赖沟、毛不拉、西柳沟、东柳沟7个孔兑入黄口河段。对每个河段取土样进行了粒径筛分、土体剪切实验,掌握了该河段土体粒径及土体性质沿程分布的第一手资料。结合各个河段塌岸的剧烈程度、河势走向及土体性质,以包括非黏性河岸、黏性河岸、孔兑入黄口、顺直河道、弯曲河道为原则,选取了6个典型重点观测河段,其中非黏性河岸包括河东沙地、乌海,黏性河岸包括陶乐、磴口,孔兑入黄口包括毛不拉、东柳沟。在重点观测河段进行布控导线观测河岸崩塌量的同时,分析了不同性质河岸的崩塌特征,以及顺直河道、弯曲河道崩塌方式的差异,为塌岸机理的理论分析提供了宝贵的基础资料。

2)2012年现场观测在时间上与2011年保持一致,都是分为汛前(5~6

— 56 —

月)、汛中(7~9 月)、汛后(10~11 月)进行观测。观测内容上除继续进行土体粒径分析、剪切实验、布控导线外,还增加了对河岸岸高、坡度、水深、流速、断面形状的测量,据此得出典型塌岸河段的崩塌量。大量的现场调研为进一步分析典型塌岸河段的塌岸特征、塌岸规模提供了资料支持。为进一步深入研究塌岸发生的力学机理,2012 年在典型塌岸河段共埋设了孔隙水压力计 24 个,尤以 2011 年崩塌严重的磴口、陶乐、毛不拉为主,孔隙水压力的观测使得对塌岸发生时土体受力分析更为完整和准确,并在此基础上初步建立了风沙河段与淤沙河段的塌岸模式。

3)2013 年为现场观测内容最为全面的一年,共进行了 4 次现场观测,内容有河岸岸高、坡度、土体粒径、抗剪强度、内摩擦角、河道水位、流速、孔隙水压力,并在此基础上于 2013 年 5 月在乌海和磴口两个点增加了床沙粒径取样内容。2013 年 7 月由于乌海海勃湾水库的建立,该观测段被库区淹没,鉴于此通过现场调研,选取刘拐沙头作为非黏性河岸观测点进行观测,在研究非黏性河岸崩塌的同时,与风沙入黄有了进一步地结合。现场观测得到的年度内典型塌岸河段崩塌量可为塌岸量计算模型提供率定和验证,同时还为不同性质河岸塌岸类型的分类、塌岸影响因子的鉴别、塌岸发生受力模式提供了资料支持。为了更好地研究淤沙河段塌岸发生机理及塌岸淤床交互作用,在现场观测的过程中,鉴于 2011 年、2012 年磴口崩塌严重,特于 2013 年 5 月 10 日将 5t 磴口段岸边原型沙托运至武汉大学进行水槽实验,最大程度上减小了用模型沙进行实验带来的误差。同年 10 月,又托运 1t 刘拐沙头岸边原型沙至武汉大学进行水槽实验,用于非黏性河岸塌岸机理及淤床交互作用的研究。

4)2014 年现场观测重点主要体现在两个方面,一是塌岸量的观测,二是模型的修正及验证提供资料支持。在塌岸量的观测方面,共进行了 5 次重点河段的现场观测,其中河东沙地段,当地政府进行了植树工程,使得该河段塌岸现象较前 3 年有所减弱,但仍较剧烈,2014 年 9 月陶乐段河岸堤防工程开始进行,该河段崩塌规模开始减小,但在堤防工程未开始的河段仍有一定规模的崩塌。磴口段因 2011~2013 年崩塌严重,农田丧失,尤其是在磴口县渡口镇段防护工程大量开始,使得该段河道塌岸量减小。大量防护工程的开展在一定程度上说明了当初选择典型河段的准确性及合理性,但同时也给模型的率定、修正及验证带来了一定的难度。在模型的修正及验证方面,为了满足模型的要求,在毛不拉、东柳沟两个孔兑入黄口河段,分别增加了断面数量进行观测。用清华大学研制的高浓度流速仪进行现场测流速,与之前浮标法测得的流速进行对比和验证,以满足模型对塌岸及淤床交互作用的精细模拟。

5)2015 年共进行了 5 次现场观测,除了典型塌岸河段塌岸量的观测外,与

2014 年观测相比主要有两个进展，一是在汛前、汛中、汛后观测的基础上，于 2015 年 3 月增加了凌汛期的观测，这样便得到了塌岸在一个完整年度内分布的时间特征，即凌汛、夏汛中崩塌强度较大，其余时间次之。二是除典型塌岸河段观测外，增加了孔兑河段的观测与考察。通过对毛不拉、东柳沟、西柳沟上游、哈什拉川及罕台川沟口上游的考察及取样，发现塌岸不仅仅发生于黄河干流段，在孔兑上游也有发生，且程度不等。其中西柳沟上游及罕台川上游有较严重的塌岸现象发生。

第4章 塌岸的分类及其河道横向演变特征

塌岸的分类及河道变形特征不仅属于河床演变学中的河岸冲刷后退（横向演变）过程，而且涉及土力学中的岸坡稳定问题。许多的研究表明，塌岸要经过以下过程即水力的冲刷过程、在重力作用下发生崩塌及陆面的风化过程。Thorne 和 Tovey（1981）的研究指出，塌岸过程的决定性影响因素是洪水过程。冷魁（1993）、吴玉华等（1997）学者从河流动力学的角度研究了塌岸的成因与机理。Duan（2005）指出了重力导致的河岸崩塌一般是发生在水流退去之后；Papanicolaou 等（2007）的研究表明，重力崩塌的发生是有条件的，即河岸高度需要达到或超过临界岸高，同时坡度又超过临界坡脚。黄本胜等（2002）、王延贵（2003）运用岸坡稳定理论进行了岸坡稳定性分析，进而揭示了塌岸过程及河道演变特征。

4.1 黄河上游塌岸的分类

根据黄河上游宁蒙河段河岸物质来源及组成特点，可将崩塌河岸划分为黏性河岸和非黏性河岸两类。选取乌海段和磴口段分别代表非黏性河岸和黏性河岸，以分析黄河上游典型塌岸河段河岸横向变化的特性。乌海段位于内蒙古乌海市，为典型的沙漠河段，河段长度为 9.8km，左岸毗邻乌兰布和沙漠，塌岸成为该河段产沙的主要来源之一。磴口段位于内蒙古三盛公水利枢纽下游 8km 处，河段长度为 10.8km，距离上游乌海段 142km，河道宽浅。两河段分别选用 2004~2011 年和 2003~2012 年的 World-View1、2 影像数据。首先，进行遥感图像的校正和配准；然后，根据不同的光谱特性进行河岸线位置数据的提取；最后，运用 ArcGIS 9.3 进行数据的矢量化和计算得出结果。

4.1.1 黏性河岸河段塌岸

根据塌岸的力学机理及形态特征，可将黏性河段的塌岸类型划分为平面崩塌、弧形滑动崩塌及复合式崩塌三种，如图 4-1 和图 4-2 所示。

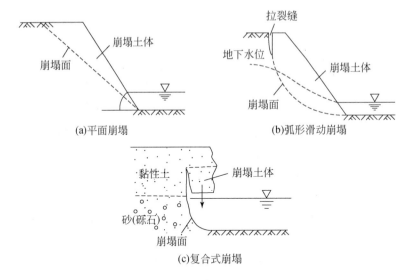

图 4-1　黏性河段塌岸示意图

图 4-2　黏性河段崩岸形式

（1）平面崩塌

在黏性河岸河段中，崩塌沿着平面或比较平缓的曲线发生，表现为条块状土体渐进式滑动崩塌破坏，发生的动力原因为土体的自重。发生此类崩塌的河岸坡度较大（>80°），河岸线后出现较长且深的张拉裂缝，崩塌破坏面基本上与河岸边坡平行。一般情况下，与河岸高度相比较来说，地下水位及河道水位较低。

（2）弧形滑动崩塌

弧形滑动崩塌强度很大，崩塌土体一般延至坡脚，甚至到坡脚以下，表现为大块土体持续整体性的滑动破坏。崩塌面沿圆弧面形成，发生的动力原因是土体的自重及地下水渗流。与岸线平行的坡面出现拉裂缝，降雨水分填充拉裂缝后导致河岸的稳定性显著下降。如果拉裂缝较深（大于岸坡总深度的30%），则可形成平面崩塌。

（3）复合式崩塌

复合式崩塌（又称悬臂崩塌）表现为分层土体悬挂式的垂直崩塌破坏，发生的条件为：河岸受到比较严重的水力冲刷，导致坡脚侵蚀下切，进而使上部土体形成伸出水面的悬臂。当土体受到外力时即发生崩塌，崩塌后的土体以块状的形式连同地表植被一起进入河道。该类塌岸出现的河岸土壤一般由二元或多元结构组成。

4.1.2 非黏性河岸河段塌岸

根据塌岸形成机理，风沙河段的塌岸类型主要可以划分为表层滑移崩塌、平面崩塌两种（图4-3）。

(a)表层滑移崩塌   (b)平面崩塌

图4-3 非黏性河段崩岸形式

1）表层滑移崩塌是风沙在越过岸坡顶端直接进入河道的滑移崩塌形式[图4-3（a）]。主要特征如下：①河岸物质组成非黏性，下滑颗粒间无黏聚力作用；②滑动面浅，与岸坡平行；③岸坡较平缓。

2）平面崩塌是在水力侵蚀作用下，坡脚侵蚀严重导致河岸上部的非黏性泥沙失稳并崩塌进入河道中［图4-3（b）］。主要特征如下：①河岸坡脚水力侵蚀严重；②河岸上部坡度较大（>60°）；③此类崩塌在非黏性河岸一般不会出现张裂缝。

综上所述，根据现场观测，对典型河段的塌岸类型进行分类，黏性河段的塌岸形式主要包括平面崩塌、弧形滑动崩塌及复合式崩塌3种，非黏性河段的塌岸类型主要包括表层滑移崩塌及平面崩塌，淤沙交汇河段的塌岸类型兼顾以上4种。

4.2 塌岸河段河岸颗粒粒径分布特点

4.2.1 河岸土体颗粒粒径分布特点

本节选取了两个典型非黏性河岸（刘拐沙头、临河）、两个典型黏性河岸（磴口、陶乐）及两个典型支流入汇河岸（毛不拉、东柳沟）作为采样点，于2010~2015年对其进行了22次采样观测，获取了黄河上游典型塌岸河段的土体性质（Shu et al.，2016）。不同河段由于其不同的地质水文条件，土体粒径分布存在较大差别，主要表现如下。

（1）非黏性河岸土体颗粒级配分布特点

非黏性河岸土体颗粒级配曲线呈双峰结构，如图4-4所示：第一峰值位于0.10~0.15mm，第二峰值位于0.20~0.25mm，该河段内颗粒分选系数在1.2左右，中值粒径为0.19mm，93%以上颗粒大于0.10mm，属于非黏性沙。该区域级配曲线类型表明该河段内土体可能存在两相性，即一部分为由风驱动带入河道的细沙，而另一部分为受自身重力作用坍塌入河道的粗沙，其级配累积曲线呈阶梯状如图4-5所示。

（2）黏性河岸颗粒级配分布特点

黏性河岸颗粒级配曲线呈单峰结构如图4-6所示，峰值于0.02~0.05mm波动，中值粒径约为0.03mm，80%以上的颗粒粒径小于0.10mm，分选系数为1.8。该区域土体颗粒粒径整体上小于非黏性河岸，颗粒大多为黏性颗粒，其级配累积曲线较为平滑，如图4-7所示。

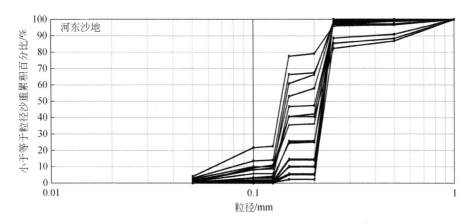

图 4-4　非黏性河岸颗粒级配分布曲线

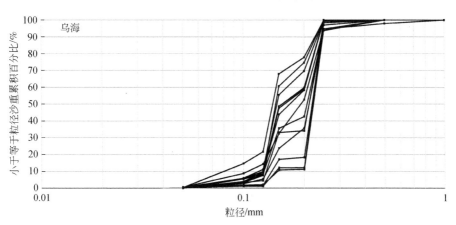

图 4-5　非黏性河岸颗粒级配累积曲线

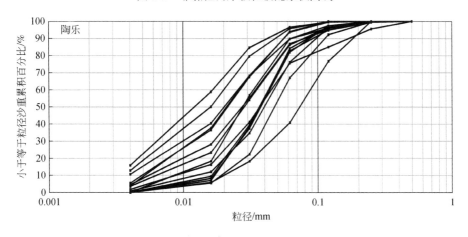

图 4-6　黏性河岸土体颗粒级配分布曲线

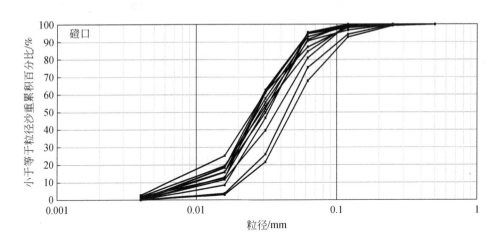

图 4-7　黏性河岸土体颗粒级配累积曲线

（3）支流入汇河段级配曲线

如图 4-8 所示：支流入汇河段泥沙的来源十分复杂，故其沙粒组成呈多峰结构，最小峰值在 0.05mm 以下，第二峰值位于 0.05 ～ 0.10mm，第三峰值位于 0.15 ～ 0.25mm。中值粒径约为 0.09mm，小于非黏性河岸而大于黏性河岸，如图 4-9 所示。

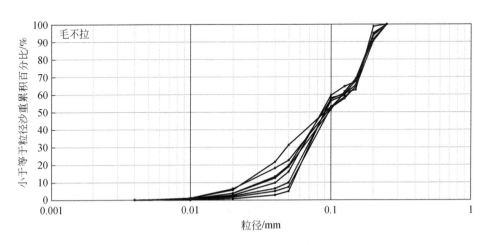

图 4-8　支流入汇河段颗粒级配分布曲线

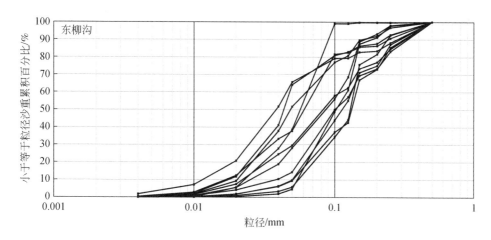

图4-9　支流入汇河段颗粒级配累积曲线

4.2.2　河岸土体粗细颗粒分界粒径的影响

在此之前普遍认为，黄河上游泥沙颗粒粒径相对较粗，该区域内粗细颗粒分界粒径应大于适用于黄河下游的分界粒径 0.05mm。对 2011～2015 年的重点观测河段土体颗粒级配分析显示，当选取 0.08mm 替代 0.05mm 为粗细颗粒分界粒径时，由陶乐、磴口所代表的河滩地河段及由东柳沟、毛不拉代表的支流入黄河段的泥沙粗细沙重百分比变化明显；而由河东沙地、刘拐沙头所代表的沙漠河段，粗细沙重百分比则几乎没有变化，这里将 2011～2015 年的 1820 组典型塌岸河道河岸物质颗粒级配数据进行统计分析，如图4-10～图4-12 所示。

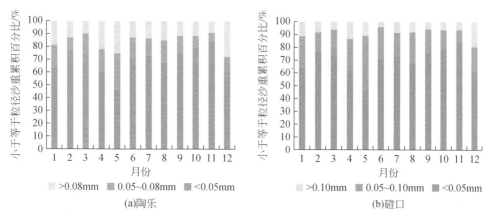

图4-10　黏性河岸土体颗粒粒径统计

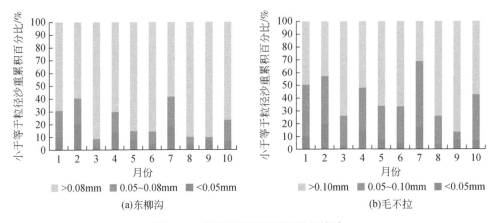

(a)东柳沟   (b)毛不拉

图 4-11　支流入汇河岸颗粒粒径统计

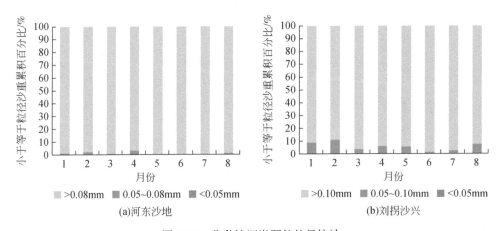

(a)河东沙地   (b)刘拐沙兴

图 4-12　非黏性河岸颗粒粒径统计

从图 4-10 ~ 图 4-12 对比可看出，当选取 0.08mm 替代 0.05mm 为粗细颗粒分界粒径时，位于河东沙地、刘拐沙头的沙漠河段细沙含量仅变化 0.6%，而当选取0.10mm 为粗细沙分界粒径时，沙漠河段细沙含量上升至 5.5%，说明此河段的较细泥沙中，主要成分为粒径 0.08 ~ 0.10mm 的颗粒（约占 0.10mm 以下细沙总重的85.5%）。而在河滩地河段以及支流入黄河段，粒径为 0.08 ~ 0.10mm 的泥沙颗粒也占了很大的一部分（分别为 0.10mm 以下细颗粒沙重的 26.3% 与 57.9%）。

表 4-1 为分别选取 0.05mm、0.08mm、0.10mm 为分界粒径时，粗颗粒所占累计沙重百分比。从表中可以看出，当选取 0.08mm 为分界粒径时，黏性河岸及支流入汇河岸细颗粒沙含量分别增加了 14.9% 与 12.8%，当选取 0.10mm 作为分界粒径时，两者分别增加 21.6% 与 30.4%。而非黏性河岸由于沙粒普遍较粗，选取 0.08mm 与 0.10mm 对其粗细颗粒含量比值影响都很小。

表 4-1　不同分界粒径对应粗、细沙重百分比对比表

类型	>0.05mm	>0.08mm	>0.10mm	平均中值粒径 d_{50}/mm
黏性河岸	30.80%	15.90%	9.20%	0.03
支流入汇河岸	90.60%	77.80%	60.20%	0.09
非黏性河岸	99.90%	99.10%	94.40%	0.19

4.3　塌岸引起河道横向演变特征

4.3.1　黏性河岸河段

由于塌岸类型的差异，河道的横向变化展现出不同特征。顺直河段的塌岸类型以平面崩塌及复合式崩塌为主，而弯曲河段以弧形崩塌为主（舒安平等，2014b），因此黄河上游典型河道的横向变化就以河道的几何形态来描述。相比顺直河段，由于弯道环流的作用，弯曲河段摆动幅度较大，主流线摆动显著，河岸线交替变化，洲滩位移及面积变化显著（图 4-13），而且弯道附近出现凹岸崩塌凸岸淤积的态势，但在长时间尺度的前提下，该河道出现塌岸—淤积交替的发展态势。

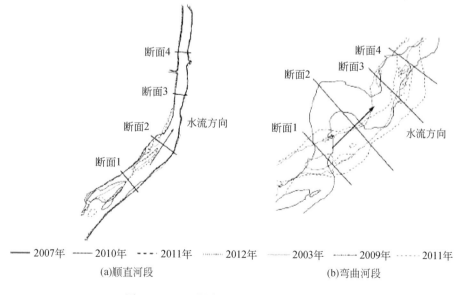

———2007年　----2010年　- - -2011年　——2012年　———2003年　——2009年　·····2011年

(a)顺直河段　　　　　　　　　　(b)弯曲河段

图 4-13　碛口塌岸河段河道横向变化平面

　　图 4-14 为碛口塌岸河段河岸线变化，可以看出，2007～2012 年碛口顺直河段左岸表现为整体淤积状态，其中断面 1 的淤进距离最大，为 317.17m，而断面 3、断面 4 则处于冲刷状态，总体崩退距离分别为 8.81m、16.80m；相比之下，右岸整体表现为冲刷状态（断面 1 除外），与左岸相对应，断面 1 的崩退距离也最大，为 110.66m，左岸的年平均淤进距离为 25.76m/a，右岸的年平均冲刷后退距离为 9.06m/a，有向弯曲河段发展的趋势。而在弯曲河段，由于弯道环流的作用，先前表现为左侧凹岸崩退、凸岸淤进，后期随着弯道进一步发展及河势的变化，出现了左侧凹岸淤积、右岸凸岸冲刷，河道趋直的状态。以上结果表明在目前特定观测条件下，具有弧形滑动崩塌的弯曲河道的年崩塌后退距离和淤进距离均大于顺直河段，说明弯曲河段由于环流作用具有产生较强烈的河岸冲淤变化特性。

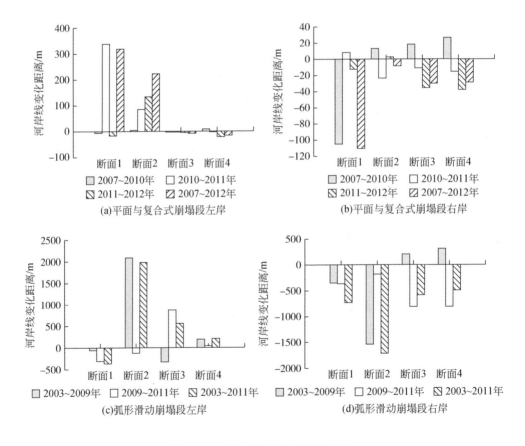

图 4-14　碛口塌岸河段河岸线变化

4.3.2 非黏性河岸河段

1）河道横向变化平面特征相比于黏性河段，风沙堆积河段的塌岸规模较小，因此河道横向变化平面特征不显著（图 4-15）。由于风沙堆积河段浅层崩塌特征的独特性，塌岸不一定导致河岸线后退，而泥沙输移强度较大，故洲滩位置及面积变化较大。而平面崩塌为主的弯曲河段，河岸线及洲滩位移均不甚明显，由于水力侵蚀非黏性沙以分散的颗粒形式运动，而且大部分淤积在河岸附近或者是沿水流方向输移到下游。

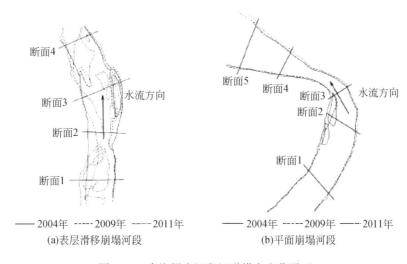

（a）表层滑移崩塌河段　　　　　　　（b）平面崩塌河段

图 4-15　乌海塌岸河段河道横向变化平面

2）河岸线变化相比于黏性河岸，乌海塌岸河段的河岸崩退及冲淤距离幅度较小（图 4-16），是因为乌海塌岸河段紧邻乌兰布和沙漠，为沙漠堆积河段，风沙入黄为河流泥沙主要来源，而河岸坍塌入黄泥沙所占比例较小，因此河岸崩退距离不甚明显。乌海浅层崩塌段左岸表现为冲刷，右岸表现为淤积，与乌海平面崩塌河段及磴口河段的冲淤岸相反，浅层崩塌河段由于近岸沙丘有来自乌兰布和沙漠的沙源补充导致河岸线不退反进。表层滑移崩塌河段 2004～2009 年左岸中断面 4 的年崩退距离最大为 39.09m，左岸多年平均崩退距离为 2.64m/a。右岸淤积幅度比左岸淤积幅度大，断面 2、断面 3 尤为显著，多年平均淤积速率为 6.78m/a。对于平面崩塌特征的弯曲河道而言，2004～2009 年冲淤都比较明显，最大冲刷距离为右岸断面 2 的 118.54m，最大淤积距离为左岸断面 2 的 345.16m，左岸年平均淤积速率为 14.78m/a，右岸年平均冲刷后退距离为 9.38m，因此，就河岸冲淤变化而言乌海塌岸河段处在淤积状态。

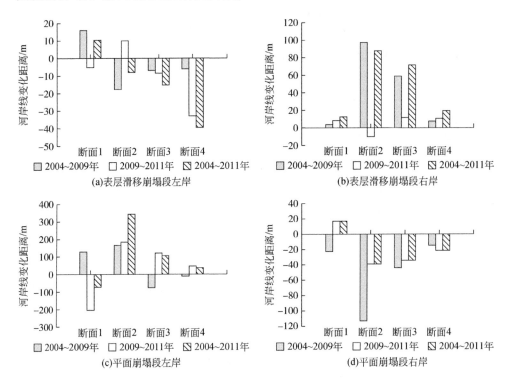

图 4-16 乌海塌岸河段河岸线变化

第5章 塌岸指标体系及遴选分析

5.1 塌岸指标体系的构建

塌岸是水流和河岸土体等多种因素综合作用的结果，塌岸类型多样，影响因素繁多并且作用机制十分复杂。通过观测河段的现场观测及其他类型塌岸的调查研究，参考其他有关资料，综合分析可知，影响塌岸的因素包括人为因素和自然因素（张幸农等，2009a），其中自然因素包括水动力、河道地形、河岸边界等，人为因素包括植被破坏、人工挖沙及船舶航行等（如图5-1）。其中，河道地形和河岸边界是塌岸产生的内因，水动力、植被破坏、人工挖沙和船舶航行则是塌岸产生的外因。由于人为因素是通过影响水流和河岸、河床条件来影响塌岸的（舒安平等，2014a），因此，本章不直接考虑人为因素的影响，重点分析河岸边界因子、水动力因子和河道地形因子的作用机制。河岸边界因子直接决定了岸坡

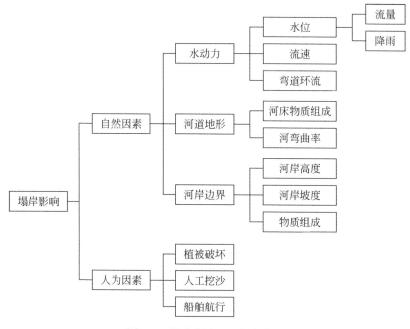

图 5-1 塌岸影响因子指标体系

土体的抗剪强度及河岸在重力作用下的稳定性；水动力条件因子一方面会影响河岸土体的力学性质，另一方面会影响水流对河岸的作用力大小；河道地形因子通过影响河道泥沙输移来影响河岸稳定性。

5.1.1 河岸边界因子

河岸边界因子包括河岸的物质组成与河岸形态，物质组成决定了土体的抗剪强度和透水性能，河岸形态则影响着河岸在重力作用下的稳定性。

（1）物质组成

首先，河岸的物质组成影响河岸的透水性能。对于非黏性河岸而言，河岸由松散的沙漠物质组成，粒径较粗，平均粒径为 0.2mm 左右，其透水性和排水效果较好，渗透压力释放快，因此河道水位升降时可以不考虑土体内动水压力的影响。而黏性河岸由较细的黏性颗粒组成，其透水性差，一旦淹水，其抗剪强度大幅下降，河道水位变化时，由于河岸土体内水位的滞后作用会产生动水压力，对河岸稳定性有较大影响。根据实地考察可知，在汛期河道水位升降变化较大时是黏性河岸崩塌最严重的时段。其次，河岸的物质组成影响河岸的崩塌形式。非黏性河岸的组成颗粒粒间黏结力很小甚至为零，主要以自身重力维持稳定，河岸崩塌表现为单个颗粒或多个颗粒沿浅层崩塌面下滑；黏性河岸的土壤颗粒之间黏结力大，河岸崩塌时需要破坏颗粒间黏结力作用，崩塌体以块体形式出现，沿崩塌面下滑或直接翻转入河。再次，河岸物质组成分布通过影响河岸的抗蚀能力来影响不同位置河岸的崩塌强度。河岸物质组成分布表现在沿水流方向和垂向两个方面。河岸物质组成在沿水流方向上分布不均匀时，平面上不同地点河岸的抗蚀强度也不同。抗蚀强度连续均一的河岸，在水流的冲刷作用下河岸基本上平行后退；抗蚀强度分布不均的河岸，抗蚀力相对较弱的位置容易发生崩塌。河岸物质组成沿垂向分布不均导致河岸崩塌形态不同。河岸物质组成沿垂向分布均匀的均质岸坡崩塌一般以滑坡的形式出现；对于多元或二元结构岸坡，黏性土和非黏性土的厚度与相对位置对塌岸有重要的影响，在表层黏性土质较厚的河段，下层沙质土壤首先被水流带走，导致黏性土层悬空，最后在重力作用下断裂崩塌。

（2）河岸形态

河岸坡度对河岸稳定性产生显著影响。河岸坡度大则河岸重力的下滑力分量增加，河岸容易发生重力侵蚀；河岸坡度小则重力产生的摩擦力增加，增强了河岸的稳定性。河岸高度对于黏性河岸影响作用显著，河岸崩塌时岸顶出现张裂缝，岸高越大导致土体失稳的力矩越大。河岸的曲率也是影响河岸稳定性的重要因素，弯曲程度影响着水流结构，因此可以通过研究水流条件对塌岸的影响来反映河岸曲率的影响。

5.1.2 水动力因子

水动力因子包括流量、主流位置、水流紊动和次生流及水位变化等，它一方面决定了水流的剪切强度和输沙能力，另一方面改变了河岸土体的性质。

（1）流量

流量的大小直接代表着水流的强弱，水流强弱一方面影响水流挟沙力，流量越大水流强度越大，则水流挟沙力越大，河床易侵蚀，导致河岸高度增加坡度增大从而促进初次崩塌的发生，水流挟沙力大能迅速带走崩塌后在坡脚的堆积物，从而诱使二次崩塌的产生；另一方面直接影响水流的侵蚀能力，流量越大水流剪切强度越大，进而直接带走河岸泥沙造成河岸侵蚀。因此，河流侵蚀作用的强弱主要取决于流量和流速。

（2）主流位置

主流位置尤其是主流的近岸程度，是影响塌岸的重要因素。根据河流动力学理论，水流能够携带的悬移质中的床沙质的临界含沙量随着水流流速的增加而增大，从而对河床及河岸的冲刷强度越大，随着河岸的冲刷侵蚀，河岸变高变陡，稳定性下降，诱发塌岸的产生。另外，推移质输沙率随着水流流速的增加会显著增大，河岸崩塌产生的堆积物不断以推移质方式输送到下游，从而导致二次崩塌的产生。因此主流距岸坡越近，塌岸越容易发生。在受主流顶冲的河岸，水流会淘刷河岸抗冲性薄弱的位置，形成大流速的竖轴环流，对河岸造成强烈的淘刷，导致塌岸现象严重。

（3）水流紊动和次生流

天然河道的水流多属于阻力平方区的紊流。在天然河道中，除了代表河道水流总比降趋势的纵向水流外，往往还包含着许多既受力学规律又受统计规律支配的水体。在河岸边壁处，流速梯度及剪应力强度均比较大，同时壁面的糙度会影响水流结构，因此，在近岸处很容易产生小尺度涡体。当水流强度较小，小尺度涡体对河岸的随机扰动作用可能会导致泥沙颗粒与岸坡之间的咬合松动，使泥沙颗粒易于从岸坡脱离，在一定范围内产生冲刷坑。另外，河道水流中特殊的河势、断面形状、成型淤积体等紊源会诱发大尺度涡体，这很容易促进阵发性的大量泥沙输移。

在河岸的崩塌过程中，除纵向水流起着主要的冲刷输沙作用外，次生流的作用也不容忽视。受弯道横向环流的影响，表层含沙量较少的水体流向凹岸，使凹岸受到冲刷，含沙量较高的水流在河底由凹岸流向凸岸，泥沙在凸岸淤积。弯道环流一方面对凹岸造成严重侵蚀使岸坡变高变陡，诱发塌岸；另一方面通过输沙作用，将凹岸坡脚淤积的泥沙带往下游，使崩落土体无法在坡脚淤积，为二次塌岸创造条件（孙东坡，2011）。

（4）水位

引起河道水位变化的因素主要包括天然降水量及水利枢纽的蓄放水情况等。对于黄河上游而言，引起水位变化的因素包括伏汛期降水量、农田灌溉用水量、凌汛期封河开河情况。一方面，受洪水期高水位的长期浸泡，岸坡坡体饱和，抗剪强度降低，浮重增加，稳定性减小，当河道内水位下降时，作用于河岸的侧向静水压力减小，对河岸提供支撑作用减弱，使河岸稳定性降低，导致河岸崩塌；另一方面，河岸坡体内地下水位的变化滞后于河道内水位的变化，河道洪水水位下降时，河岸土体内水位高于河道水位，水流由河岸内部渗出到河流，产生不利于河岸稳定的动水压力。

5.1.3　河道地形因子

河道地形因子主要包括河床的物质组成和河床断面形态。

（1）河床物质组成

河床泥沙组成是影响本河段河床冲淤的关键因素之一。首先，河床泥沙的组成决定着河床糙率的大小，影响了水流流速，从而改变了水流的侵蚀能力；其次，河床泥沙组成与分布不同，泥沙的起动条件不同。一般粒径较细的泥沙容易起动，但对于非均匀沙，大颗粒对小颗粒的隐蔽作用使得泥沙的起动情况变得更加复杂。泥沙的组成与分布通过影响河床纵向冲淤来改变河床的横向变形。

（2）河床断面形态

河床断面形态与河流的水流结构、水流阻力和泥沙输运等问题相关。首先，河床断面形态对水流阻力有决定性的影响。在黄河上游宁蒙河段，河床易存在沙纹、沙垄等形态，这形成了影响水流运动的沙波阻力和沙粒阻力，断面阻力一方面减小了水流的时均动能，另一方面增加了水流的紊动动能。其次，河床断面形态影响了水位的高低。河床由主槽和滩地两部分组成,主槽的位置与形态决定了主流位置与河道的行洪能力,从而影响了河岸侵蚀。在主槽断面大的河段,平滩流量大,一般河水不会强烈冲刷坡脚,而在主槽萎缩的河段,平滩流量较小,"槽高、滩低"导致"小水致大灾",行洪能力低,水位高,滞留时间长,降低了河岸的稳定性。近年来,由于气候变化和龙羊峡、刘家峡等多个水电站的运用,黄河上游宁蒙河段上游来水量持续偏枯,加之河套平原地区工农业用水量迅速增长,该河段入黄泥沙量大,因此河道萎缩现象严重,导致主槽行洪能力下降,同流量水位偏高,加剧了河岸的不稳定性。

5.2　基于多元回归法塌岸因子遴选分析

　　研究实行现场观测,从 2011～2015 年,每年观测 3～5 次,分别设置在汛前(5～6 月)、汛中(7～9 月)及汛后(10～11 月)三段时间内,现场观测内容包括塌岸距离即河岸崩退速率测量(插钎法)、河岸物质物理特性取样、河床泥沙取样等(见第 3 章表 3-3),现场取回的样品在最短的时间内进行室内分析,包括粒径分析及剪切力分析等。

　　除了现场观测,还利用遥感影像解译进行较大时间和空间尺度的塌岸分析,以弥补现场观测的不足,遥感影像采用数据购买的方式获得,精度为 0.5～1m,数据类型为 QuickBird、WorldView,充分保证了研究结果的精度和准确性。

　　除了以上两种数据,还使用了典型水文站的水文观测数据,如下河沿水文站、青铜峡水文站、石嘴山水文站、巴彦高勒水文站、三湖河口水文站及头道拐水文站,包括流量、含沙量、输沙率、典型观测断面、悬移质等数据,水文数据来源于 2009～2011 年《中国水利统计年鉴》。

　　综合筛选,如表 5-1 所示,选取水位 w_t、流速 v、河道曲率 k、河岸坡度 i、河岸土体黏性力 c、河岸土体内摩擦角 φ 值、植被覆盖率 l_c、河岸高度 h、床沙中值粒径 d_{50},总计 9 个影响因素,结合 11 个观测河道内的塌岸数据,运用多元线性回归分析法进行计算分析,确定影响因素的权重及贡献度,得出回归方程,并通过聚类分析对典型河段的塌岸进行分类。

表 5-1　各观测河段水动力及河岸数据

观测河段	塌岸量/t	w_t/m	v/(m/s)	k	i/(°)	c/kPa	φ/(°)	l_c	h/m	d_{50}/mm
河东沙地	1.15	1100.56	0.62	1.17	68.0	0.13	42.0	0.03	25.0	0.2
乌海	1.29	1060.27	0.69	1.15	74.5	0.21	40.0	0.02	12.0	0.19

观测河段	塌岸量/t	w_t/m	v/(m/s)	k	i/(°)	c/kPa	φ/(°)	l_c	h/m	d_{50}/mm
临河	2.3	1051.05	0.89	1.12	72.3	16.067	25.56	0.3	3.5	0.04
磴口	4.5	1045.8	1.32	1.16	85.0	8.0954	32.39	0.82	2.0	0.03
毛不拉	3.2	1013.4	1.02	1.17	74.4	16.253	23.23	0.32	3.5	0.09
东柳沟	4.8	1015.28	1.05	1.18	82.5	17.307	19.13	0.73	4.5	0.08
陶乐	2.1	1050.05	0.81	1.09	71.0	22.6	19.51	0.71	1.7	0.03
罕台川	1.65	1013.5	0.73	1.03	66.0	16.253	23.23	0.38	1.2	0.12
西柳沟	1.89	1019.6	0.75	1.04	64.0	25.34	20.51	0.55	0.8	0.15
黑赖沟	1.37	1011.7	0.68	1.06	68.0	16.067	25.56	0.62	0.7	0.08
哈十拉川	1.74	1013.8	0.71	1.05	70.0	18.5	23.44	0.43	0.8	0.12

运用多元线性回归对塌岸影响因子的分析过程主要包括：①原始数据标准化处理，以消除不同数量级和量纲的影响；②线性回归方程的建立；③线性回归方程的结果与检验；④根据得分因子系数计算主要影响因子的贡献度。本书分析过程采用 SPSS 软件的相关分析模块进行处理，具体步骤参见文献（刘先勇等，2002）。

5.2.1　回归方程的建立

为了避免分析结果的不合理，即某些影响因子对塌岸的作用不显著，因此回归方程中自变量的筛选方法选用向后剔除法，逐步筛选直至所有的因子显著性水平均小于 0.05。根据表 5-2 回归结果，水位、河道曲率、河岸物质黏性力、植被覆盖率等影响因子均被剔除。

表 5-2　回归结果

模型	非标准系数		标准系数	统计量	显著性
	非标准回归系数	标准差	标准回归系数		
常数项	6.096×10^{-16}	0.051		0.000	1.000
流速	0.668	0.128	0.668	5.232	0.003
河岸坡度	0.448	0.117	0.448	3.829	0.012
内摩擦角	-0.562	0.097	-0.562	-5.803	0.002
河岸高度	0.268	0.103	0.268	2.614	0.047
床沙中值粒径	0.205	0.092	0.205	2.230	0.046

通过回归结果写出回归公式:

$$塌岸量 = 0.668{\times}v + 0.448{\times}i - 0.562{\times}\varphi + 0.268{\times}h + 0.205{\times}d_{50} + 6.096{\times}10^{-16}$$

5.2.2　回归偏差分析

为了验证回归结果的准确性,还需要进行回归诊断。本书中采用的诊断模型为残差分析,从图5-2残差分析的结果来看,直方图符合正态分布,P-P图中观测值与模拟值比较拟合,说明本回归方程科学有效。

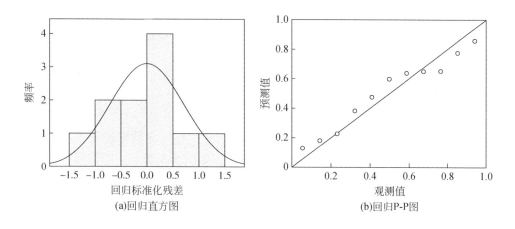

(a)回归直方图　　(b)回归P-P图

图5-2　残差分析结果

5.3　塌岸因子遴选与程度分级

5.3.1　塌岸主要影响因子的遴选分析

根据回归方程可知,塌岸的主要影响因子可以归结为流速、河岸坡度、河岸高度、内摩擦角及床沙中值粒径,其他因子与以上因子具有共线性,均被概括在以上因子之中。各主要因子的贡献见表5-3。流速作为正相关主导因子,对塌岸的贡献率为65%,其次为河岸坡度,贡献率为44%,然后为河岸高度及床沙中值粒径。对塌岸起负相关作用的是河岸物质的内摩擦角即物理特性,对塌岸的贡献率为55%,仅次于流速。

表5-3　主要影响因子的贡献率

排序	主要影响因子	系数值	贡献率/%	累计贡献率/%
1	流速 v	0.67	65	65
2	河岸坡度 i	0.45	44	109
3	河岸高度 h	0.27	26	135
4	床沙中值粒径 d_{50}	0.21	20	155
5	内摩擦角 φ	-0.56	-55	100

综上所述，由表5-3可知，对塌岸影响显著的因子中，以流速为代表的水动力因子排序最为靠前；其次为河岸物质组成的物理特性，即黏聚力及内摩擦角等；然后为河岸的形态结构，包括河岸坡度及高度、河道曲率等；河床形态及组成对塌岸的影响作用不显著，排名靠后。

5.3.2　典型塌岸河段的塌岸程度分级

运用SPSS的聚类分析方法，对典型塌岸因子的标准化数据进行聚类，聚类方法选择组间关联法，得出各河段的聚类结果，如图5-3所示。若将塌岸分为四级，则磴口、东柳沟、毛不拉属于第一级，塌岸最为显著；陶乐、临河属于第二级，塌岸量适中；罕台川、西柳沟、哈十拉川、黑赖沟属于第三级，塌岸量较少；沙漠河段如河东沙地及乌海属于第四级，塌岸最不显著。经与现场观测结果相比较，聚类结果较为准确。

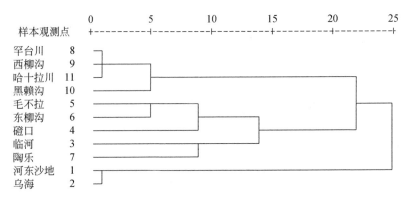

图5-3　典型河段塌岸聚类结果树状图

从河岸条件、水流条件及河床条件三方面详细揭示了以上因子对塌岸的影响机理，并从自然因素和人为因素方面构建了塌岸指标体系，对水槽模拟实验指标的提取具有重要意义。

利用多元线性回归分析，结合现场观测数据，总结出塌岸回归公式，并对主要因子进行了排序。结果表明，影响黄河上游宁蒙河段塌岸的主要因素是以流速为代表的水动力条件及河岸物质组成的物理特性。河岸形态影响次之，河床形态及组成对塌岸的影响最小。

第 6 章　塌岸侵蚀风险评估模型

岸坡塌岸是一种典型的地质灾害，塌岸频发会毁坏岸边农田、村庄，以及河岸防护措施，从而加剧洪涝灾害，甚至影响航运及道路交通。塌岸侵蚀普遍存在于各大河流，黄河上游沙漠宽谷段的塌岸状况尤为严重。1998 年宁夏陶乐县的马太沟、施家台子河段的东岸塌岸宽度达到 120m，大量农田被毁。磴口县 30km 长的河岸中，有 12.5km 河岸发生塌岸，塌岸段占全岸近 42%。黄河沙漠宽谷段自南向北流经两大平原、四大沙漠及十大孔兑，是黄河塌岸最为严重的河段。河岸侵蚀测量只能体现局部地区在时间尺度上的变化，无法明确整个黄河上游河段塌岸的空间分布状况。而对宁蒙河段塌岸的风险性进行评估对于明确整个上游河段的塌岸空间分布，对防洪部门决策的制定具有重要意义。因此，本章通过综合考虑影响河岸稳定性的各因素，建立塌岸侵蚀风险评估指标体系和评估模型，对整个黄河上游进行塌岸风险性评估。

6.1　黄河上游塌岸遥感图解译分析

利用遥感影像目视解译河岸边界研究河岸的横向演变及河道摆动具有高效、便捷，不受时间尺度限制的优点，因此在河道演变研究中具有广泛应用。Yao 等（2011）利用 1958~2008 年的遥感影像研究黄河上游的河岸侵蚀和淤积状况，王随继和李玲（2014）则根据遥感影像提取的河岸线研究黄河河岸摆动速率。虽然遥感影像已经应用于河流演变规律的研究中，但仍需要地形图等其他辅助资料来验证遥感影像解译的准确度。

6.1.1　河流岸线解译

利用遥感影像进行河岸线解译时，关键是确定河道的边界。河流水位涨落会引起河道宽度的变化，仅根据水面来确定河岸线则会引起较大的误差；而受河流侵蚀影响的地方难以生长植被，未受河流侵蚀的地方则会发育茂盛的植被。因此用植被边界来确定河岸线。经过前期验证，差分 GPS 测量的河岸线与 TM 遥感影像提取的河岸线吻合（图 6-1），因此从美国地质调查局网站上下载 2010 年的黄河上游 TM 遥感影像，并结合 Google Earth 影像，利用 ArcGIS 软件进行数字化提取河岸线、河流中心线和河流宽度。

 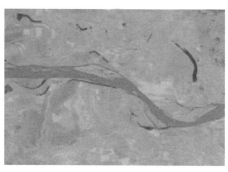

(a) 2013.10.31   (b) 2014.11.02

图 6-1   差分 GPS 测量岸线与遥感影像河岸

6.1.2   土地利用类型解译

地物分类的原理是根据每个像元在不同波段的光谱亮度、空间结构特征或者其他的信息划分不同的类别。不同地物类型具有不同的波谱特征，在遥感影像上反映出不同的色、形、纹影像特征，根据这些不同的特征并结合地物所处的位置、形态等特征综合分析即可判读出不同的土地利用类型。根据下载的 2010 年黄河上游 TM 假彩色遥感影像，经校正配准后，依据《土地利用现状分类标准》（GB/T 2010—2007）中的类别，参照 Google Earth 的影像，对研究区的土地利用类型进行目视解译。黄河上游沙漠宽谷段河岸长 5km 的缓冲区中，土地利用类型并不十分复杂，主要涉及五类土地利用类型：水体、沙地、农地、草地、基岩和建筑用地。通过建立这五类土地利用类型的遥感解译标志，根据 ENVI 软件在影像图中对各种地表特征和覆盖类型进行识别和分类解译，并统计黄河上游河段的土地利用现状分布。

水体相对而言是辨识度最高、最容易解译的类型。由于研究对象是黄河及其河流两岸 5km 的缓冲区域，因而在整个解译中水体部分主要是解译黄河水面的影像。在遥感影像中，水体的影像为湖蓝色、深蓝色、灰黑色，并且具有明显的走向和形态。对于此段黄河来说，大致方位为由南向北、由西向东，具有覆盖一定宽度范围，且呈现自然弯曲状态、条带状分布等特征（图 6-2）。

在遥感影像中，农地所占的比例相对比较大，并且在整个研究区内分布较为均匀。由于获取的影像多为 7 ~ 9 月的影像，该时间段内农地内多生长作物。因而在 TM 假彩色遥感影像中，农地对应的波段为红色。而农地又是深受人为方式影响的土地利用类型，所以在形态上，农地多为规整的矩形影像（图 6-3）。

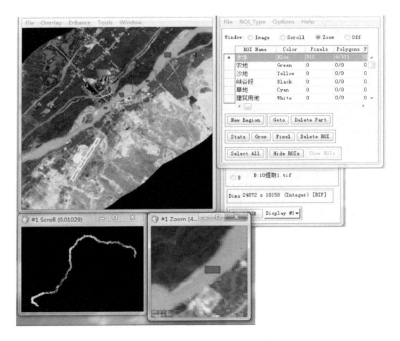

图 6-2　ROI 兴趣区——水体

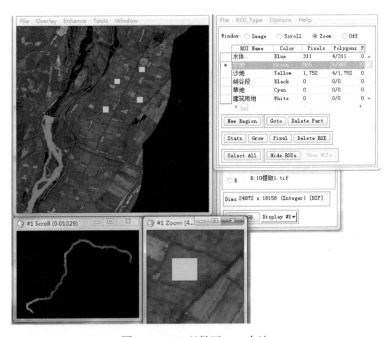

图 6-3　ROI 兴趣区——农地

在 TM 假彩色遥感影像中，沙地主要呈现灰黄色、浅绿色、灰白色，并且色调均匀；在分布上呈现不规则分布，形态有团状、片状等，边界较为清晰。腾格里沙漠、乌兰布和沙漠、河东沙地等沙区分布面积较广，通常在影像上可以看见鳞状或条状的纹理（图6-4）。

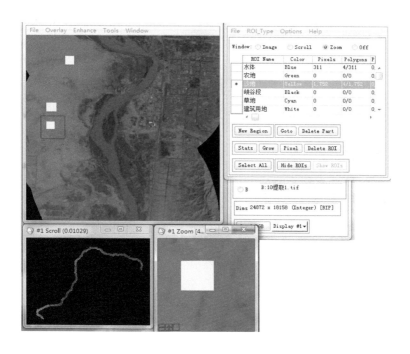

图 6-4 ROI 兴趣区——沙地

在 TM 假彩色遥感影像中，草地和农地的区分相对而言较为不易，由于在夏季遥感图中，两者均表现出红色波段。所以仅仅利用颜色进行解译难度较大。但在研究区内，根据野外考察及先验知识，结合 Google Earth 影像，可知草地多分布于沙地周围，呈现不规则状态，颜色为不均匀的灰红色，具有鳞片状或条带状的纹理（图6-5）。

建筑用地在研究区内是面积较小的人工土地利用类型，主要分布于河岸附近和农地附近。颜色主要为灰色，呈现不规则的斑点状。在形态上，由于是人工建造，所以呈现较为明显的矩形，但不同的地区其大小和规模有较大区别（图6-6）。而基岩的颜色与建筑用地相似，主要为灰色，且认为基岩和建筑用地均不受河流侵蚀的影响，因此将二者归为一类。

图 6-5　ROI 兴趣区——草地

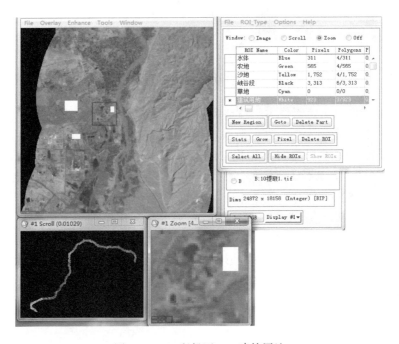

图 6-6　ROI 兴趣区——建筑用地

6.2 塌岸风险评估指标体系

河流塌岸主要是由水流和河岸相互作用而引起，其作用机理复杂，影响因素众多。张幸农等（2009a）以长江中下游典型塌岸为例分析影响河岸稳定性的因素，认为引起塌岸的因素主要是自然因素和人为因素，如气象条件、河道形态及河岸地质、水流冲刷等。Rosgen 认为，引起塌岸的因素主要是河岸特性（岸高、根系密度、河岸坡角以及物质组成等）和水流条件（水流流速和近岸剪切力）。根据研究河段塌岸侵蚀特征及资料可获取性，本书选取水文特征、气候条件、河岸形态及河岸地表组成四大体系来构建评价指标。利用层次分析法，建立河流塌岸风险性评价指标体系，对塌岸风险性进行评估。

6.2.1 塌岸风险评估指标选取

（1）气候条件指标

气候条件指标选取降雨量和年均气温。张幸农等（2008a，2008b）在研究江河崩岸问题时指出降雨影响河岸渗流作用，加剧了河岸结构的破坏。降雨量超过入渗量时，地表形成径流，并顺着河岸裂隙下潜，加速裂隙发育，进而导致塌岸发生。黄河上游沙漠宽谷段短历时降雨强度大，河岸裂隙发育，降雨多引起条崩和窝崩。该河段由于地理位置横跨 3 个纬度，冬季气温低，使得河岸土壤冰冻；当来年春天温度升高时，冰冻融化。整个冻融过程破坏了河岸土壤的结构，从而加剧河流塌岸。全河段降雨量是根据 2006～2010 年黄河水文资料 254 个水文站的降雨资料经克里金插值法处理后获得（图 6-7），气温资料根据中国气象科学数据共享服务网相关数据经克里金插值法处理后获得（图 6-8）。

（2）水文特征指标

水文特征指标选取年均流量、年最大流量、超过年均流量天数和年冰封天数。水文特征是影响河流塌岸最重要的外部因素，年最大流量是引起河流塌岸的主要原因之一。流量增加，使水流的冲刷能力增强，同时水流的搬运能力增强，使河岸坡脚物质更易于流失，增加河岸的不稳定性；年最大流量过后河岸在重力作用下崩塌。而超过年最大流量的天数则反映年最大流量事件对河岸作用时间的长短，其作用时间越长，高强度的冲刷就会持续越久，从而导致塌岸的风险更大。年均流量则可以间接反映河岸平均水位状况，在相同的条件下年均流量越

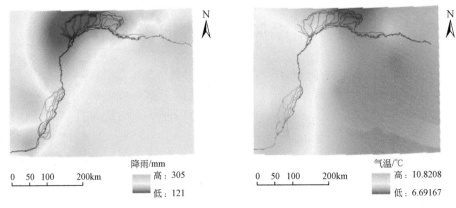

图 6-7　黄河上游沙漠宽谷段降雨分布图　　图 6-8　黄河上游沙漠宽谷段气温分布图

大，其水位越高，水流长期淹没河岸破坏其抗剪强度，导致河岸稳定性降低。而黄河内蒙古河段处于该河段的最北端，每年 12 月至来年 2 月的平均气温在−30℃左右，致使河流结冰；气温回升后河流解冻，地下水位的变化及冰凌对河岸的挤压都会对河岸结构产生破坏，进而导致河岸崩塌，且作用时间越长，对河岸的破坏性越大。年冰封时间则体现了冰凌对河流塌岸的影响。水文特征指标数据通过 2006～2010 年黄河水文资料获取。

（3）河岸地表组成指标

根据资料的可获取性和河岸地表组成选取土壤类型和土地利用类型为指标。土壤类型作为影响河流塌岸的评价指标可以间接反映河岸机械组成等性质。由于整个河段的机械组成数据缺乏，因此用土壤类型这一指标来代替，按其侵蚀的难易程度赋值（表 6-1）。该指标数据从中国 1∶400 万的土壤类型图中获取。土地利用类型分为水体、农地、草地、沙地、基岩和建筑用地 5 种（表 6-2），河岸无任何覆盖的沙漠最易侵蚀，河岸植被覆盖为农地的河段次之，然后是草地，基岩和建筑物最难破坏。农作物和草地植物的根系嵌入河岸土壤或裂隙中，能够破坏河岸结构的完整性，加剧河岸的不稳定性；另外岸边的植被增加了河岸的载重，增强了促使河岸崩塌的动力。该数据是从 2010 年的黄河上游 TM 遥感影像经监督分类后获取。

表 6-1　黄河上游沙漠宽谷段岸上土壤类型分级赋值

序号	土壤代码	土壤土类	土纲	赋值
1	22200	棕钙土	干旱土	7
2	23200	灰钙土	干旱土	6

续表

序号	土壤代码	土壤土类	土纲	赋值
3	24217	灰漠土	干旱土	8
4	29100	新积土	初育土	9
5	31102	风沙土	初育土	11
6	37300	粗骨土	初育土	10
7	38200	草甸土	半水成土	2
8	42100	潮土	半水成土	4
9	45100	盐土	盐碱土	5
10	51100	水稻土	人为土	1
11	52200	灌淤土	人为土	3

表 6-2　黄河上游沙漠宽谷段岸上土地利用类型分级赋值一览表

序号	土地利用类型	赋值	所占比例/%
1	水体	0	5.8
2	基岩和建筑用地	1	8.7
3	草地	2	22.3
4	农地	3	61.3
5	沙漠	4	1.9

（4）河岸形态指标

河岸形态指标选取岸高、河宽、分汊频数、河流弯曲度和河流比降。在河流弯曲段，受主流顶冲的冲刷力及横向环流的影响，会在凹岸产生严重冲刷，从而使得河流塌岸更加严重。且河流的弯曲度越大，塌岸的风险性越大。本书中河流弯曲度定义为河岸线长度与该河段直线长度之比。分汊频数则定义为在 1km 的河长中水流出现分汊的条数，该指标能够反映河流的散乱状况，以及水流的紊流和河道的稳定状况。河宽则通过影响水流的速度来影响水流的冲刷能力，河道越宽，在同样的流量下其水流速度就会越小，对河岸的冲刷就会越弱，最终使得河岸崩塌的风险性降低。岸高主要反映河岸本身的性质，河岸越高，其临空面越大，在受力平衡遭到破坏后更容易产生塌岸。河岸形态数据主要是根据遥感影像资料及提取的河岸线和河流中心线获得。

— 87 —

6.2.2　塌岸风险评估指标体系的构建

根据河流塌岸的机理和过程、地质条件等选取水文特征、气候条件、河岸形态及河岸地表组成四大指标，利用层次分析法，建立河流塌岸风险性评价指标体系（图6-9），然后建立塌岸风险性的递阶层次模型，对塌岸的风险性进行评估。层次分析法由美国运筹学家 T. L. Saaty 于 20 世纪 70 年代提出，主题思想是将复杂的问题逐步分解，对分解后的因素两两比较确定其相对重要性，结合专家知识及其经验最终确定各因素的权重。利用层次分析法一般包括 5 个步骤：建立层次结构模型、构造判断矩阵、层次单排序、一致性检验、层次总排序。在经验知识的基础上，该方法能系统分析各个因素对河流塌岸的影响程度大小，从而很好地解决河流塌岸危险性评价这一复杂问题。

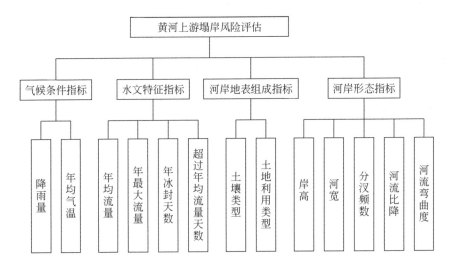

图 6-9　黄河上游塌岸风险评估指标

河流塌岸风险性评价的递阶层次模型分为 3 个层次，即目标层次（A）、类指标层次（B）和基础指标层次（C）。目标层次即河流塌岸风险性大小，类指标层次表示塌岸风险性评价的一级指标，基础指标层次即为方案层表示塌岸风险性评价的二级指标。本书将影响塌岸风险性的一级指标划分为 4 类，二级指标划分为 13 类，其塌岸风险性评价体系见表6-3。

表 6-3 黄河上游塌岸风险评估指标体系

目标层次（A）	类指标层次（B）		基础指标层次（C）	
黄河上游塌岸风险评估	B1	气候条件指标	C1	降雨量
			C2	年均气温
	B2	水文特征指标	C3	年均流量
			C4	年最大流量
			C5	年封冰天数
			C6	超过年均流量的天数
	B3	河岸地表组成指标	C7	土壤类型
			C8	土地利用类型
	B4	河岸形态指标	C9	岸高
			C10	河宽
			C11	分汊频数
			C12	河流比降
			C13	河流弯曲度

6.3 塌岸侵蚀风险评估模型

6.3.1 塌岸风险评估指标量化

河岸侵蚀影响因素众多，作用机理复杂，在进行指标选取时，其本身意义的不同造成了不同指标值之间差别较大，需要对其进行归一化处理。曹龙熹等（2010）在公路建设区域水资源影响评价中对不同的影响指标采用归一化处理。对正指标和负指标标准化处理公式如下：

$$y_{ij} = x_{ij}/\max(x_j) \qquad (6-1)$$

$$y_{ij} = 1 - x_{ij}/\max(x_j) \qquad (6-2)$$

式中，y_{ij} 为指标体系中属性 j 的归一化值；x_{ij} 为变换前属性 j 值；$\max(x_j)$ 为变换前属性 j 的最大值。河宽归一化处理结果见表 6-4。

表 6-4 河宽归一化值

序号	河宽/m	河宽归一化值	左岸弯曲度	左岸弯曲度归一化
1	247.538	0.07	1.0036	0.31
2	276.545	0.08	1.0046	0.31
3	318.532	0.09	1.0021	0.31
4	600.097	0.16	1.0299	0.32
5	759.880	0.21	1.0171	0.32
6	562.368	0.15	1.0032	0.31
7	395.083	0.11	1.0688	0.33
8	432.025	0.12	1.1197	0.35
9	404.101	0.11	1.0137	0.32
10	303.050	0.08	1.0018	0.31
11	307.205	0.08	1.0037	0.31
12	279.315	0.08	1.0749	0.34
13	245.738	0.07	1.0124	0.32
14	214.190	0.06	1.0185	0.32
15	334.587	0.09	1.0482	0.33
16	359.715	0.10	1.0103	0.32
17	243.599	0.07	1.0194	0.32
18	285.961	0.08	1.0026	0.31
19	319.388	0.09	1.0140	0.32
20	348.306	0.10	1.0061	0.31

6.3.2 塌岸风险评估指标权重

河流塌岸风险性评价指标体系中各因子的重要性并不一定相同，因此需要对各指标的重要性进行评判。不同指标之间重要性的判别主要根据 T. L. Saaty 的 1~9 及其倒数标度方法（表 6-5）进行打分，通过对两两因子之间重要性进行比较，赋予不同的标度，最终构成判别矩阵。根据判别矩阵采用和积法计算各指标的权重值，并进行一致性检验。若通过一致性检验，则可确定权重，否则需重新构建判别矩阵。然后利用同样的方法进行基础指标层指标权重计算，最终确定整个河流塌岸风险性评价指标的权重值（表 6-6）。

表 6-5　判别矩阵的标度及其含义

标度值	含义
1	表示两因素比较，同等重要
3	表示两因素比较，前者比后者稍微重要
5	表示两因素比较，前者比后者明显重要
7	表示两因素比较，前者比后者强烈重要
9	表示两因素比较，前者比后者极端重要
2，4，6，8	表示上述相邻判断的中间值
倒数	若因素 i 与 j 的重要性之比为 a_{ij}，则因素 j 与 i 重要性之比 $a_{ji} = 1/a_{ij}$

表 6-6　塌岸风险性评价指标权重值

指标	B1 气候条件指标	B2 水文特征指标	B3 河岸地表组成指标	B4 河岸形态指标	W
	0.0886	0.2945	0.1572	0.4596	
C1	0.8329	—	—	—	0.0740
C2	0.1671	—	—	—	0.0150
C3	—	0.0890	—	—	0.0260
C4	—	0.4328	—	—	0.1270
C5	—	0.2391	—	—	0.0700
C6	—	0.2391	—	—	0.0700
C7	—	—	0.3333	—	0.0520
C8	—	—	0.6667	—	0.1050
C9	—	—	—	0.2443	0.1120
C10	—	—	—	0.1371	0.0630
C11	—	—	—	0.1371	0.0630
C12	—	—	—	0.0793	0.0360
C13	—	—	—	0.402	0.1850

6.3.3　塌岸风险评估模型建立

根据计算的塌岸风险性评价指标的权重，结合各个指标值，即可求得塌岸风险性值（R）。河流塌岸风险性的评价模型如下：

$$R = \sum_{i=1}^{n} \left(C_i W_{C_i} \right) \tag{6-3}$$

式中，R 为塌岸风险性值；C_i 为各评价指标归一化之后值；W_{C_i} 为各评价指标权重值。对于能够降低塌岸危险的指标定义为负指标，该评价体系中只有温度和河宽为负指标，其他全为正指标。

黄河上游宁蒙河段起自宁夏青铜峡水文站至内蒙古头道拐水文站，全长约835km，以1km河长为单位将宁蒙河段划分为835个单元。根据塌岸风险评估模型计算出每个单元的塌岸风险性，对整个河段进行塌岸风险性评价并绘制整个河段的塌岸风险性分布图，以便明确塌岸高风险河段，为相关政策的制定提供参考。

6.4 宁蒙河段塌岸侵蚀风险评估结果

6.4.1 塌岸风险性评价

根据黄河上游宁蒙河段的地质状况，将整个研究区域按水文站划分为青铜峡—石嘴山、石嘴山—磴口、磴口—巴彦高勒、巴彦高勒—三湖河口和三湖河口—头道拐5个河段，以1km为单位将整个研究河段划分为835个单元进行塌岸风险性评价。因黄河左右岸的河岸弯曲度、岸高、土地利用类型、土壤类型等指标存在差异，故将左右岸分别论述评价。

（1）左岸塌岸风险性分析

表6-7为黄河上游宁蒙河段青铜峡至头道拐段左岸塌岸风险性值统计特征。黄河上游沙漠宽谷段的风险性值变化范围为0.430~0.670，平均值为0.529，在三湖河口之后的河段塌岸危险值明显增大。塌岸风险性平均值最低的地方位于磴口—巴彦高勒段，为0.502，平均值最高的河段是三湖河口—头道拐段，为0.552。

表6-7 左岸塌岸风险性值统计特征

断面编号	河段	最大值	最小值	平均值	方差/$\times 10^{-3}$
1~194	青铜峡—石嘴山	0.607	0.437	0.514	0.730
195~283	石嘴山—磴口	0.604	0.464	0.534	1.070
284~336	磴口—巴彦高勒	0.613	0.430	0.502	1.000
337~540	巴彦高勒—三湖河口	0.561	0.459	0.516	0.480
541~835	三湖河口—头道拐	0.670	0.486	0.552	0.570

该河段左岸塌岸风险性值沿程分布如图 6-10 所示。1～50 号（青铜峡水文站以下 50km）河段塌岸风险性值较低，其危险值平均值为 0.514，青铜峡—石嘴山段共 194km 左右，有 94km 的河段塌岸风险性值在平均值之上，其中有 81km 的河段集中在 79～194 号河段（银川—石嘴山段），所占比例为 86.2%；尤其在 127 号河段（平罗县）附近，塌岸风险性最大。因此，该段塌岸比较严重的河段集中在银川—石嘴山段。石嘴山—磴口段塌岸风险性值在 5 个河段中变化最大，主要原因是该段流经峡谷段及沙漠段，河床及边界条件变化剧烈。该段 195～230 号河段即石嘴山水文站至乌海乌达区的峡谷段，塌岸风险性值较低，之后塌岸风险性值明显上升；该段共 89km，塌岸风险性值在平均值之上的河段有 44km，且集中在 246～283 号河段（乌海—磴口段）。磴口—巴彦高勒站是塌岸风险性平均值最低的河段，塌岸风险性最小值出现在该河段。巴彦高勒—三湖河口段塌岸的风险性整体变化不大，是 5 个河段中风险性值变化幅度最小的河段。相比其他河段，三湖河口—头道拐河段是塌岸风险性最高的河段，其最大值出现在 648 号河段（昭君坟水文站）附近；750 号（土默特旗）之后的河段其风险性平均值达到 0.560，明显高于研究河段的平均值，其原因为该段河岸弯曲度较大，而在塌岸风险性评价体系中河岸弯曲度权重最大。

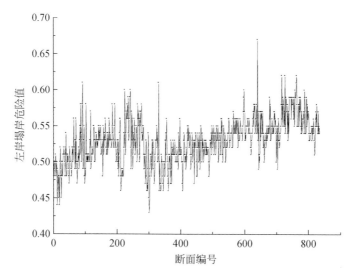

图 6-10　左岸塌岸风险性值沿程分布

（2）右岸塌岸风险性分析

表 6-8 为该河段右岸塌岸风险性值统计特征。塌岸风险性值变化范围为

0.494～0.711，平均值为0.582；塌岸风险性平均值最低的地方位于磴口—巴彦高勒段，为0.570，平均值最高的河段是三湖河口—头道拐段，为0.598。图6-11为该河段右岸塌岸风险性值沿程分布，右岸塌岸风险性沿程分布状况与左岸类似。青铜峡水文站以下50km河段塌岸风险性值较低；自临河镇之后河流塌岸风险性值增大，尤其在137号（陶乐镇）河段塌岸风险性值更高。石嘴山—磴口段塌岸风险性值在5个河段中较大，塌岸风险性的高值集中在乌海—磴口段，且风险性值变化幅度较大。磴口—巴彦高勒站是塌岸风险性平均值最低的河段，但该河段的塌岸危险值变化幅度最大，塌岸危险性最小值出现在该河段磴口站以下12km处河段。巴彦高勒—三湖河口段塌岸的风险性值整体变化不大，是5个河段中风险性值变化幅度最小的河段，但是其塌岸风险性并不低。三湖河口—头道拐河段的塌岸风险性平均值最高，是塌岸风险性整体较高的河段，塌岸风险性的最大值出现763号河段（达拉特旗吉格斯太镇附近）。

表6-8 右岸塌岸危险性值统计特征

断面编号	河段	最大值	最小值	平均值	方差/×10^{-3}
1～194	青铜峡—石嘴山	0.670	0.514	0.572	0.810
195～283	石嘴山—磴口	0.682	0.531	0.596	1.060
284～336	磴口—巴彦高勒	0.668	0.494	0.570	1.430
337～540	巴彦高勒—三湖河口	0.641	0.508	0.574	0.550
541～835	三湖河口—头道拐	0.711	0.538	0.598	0.660

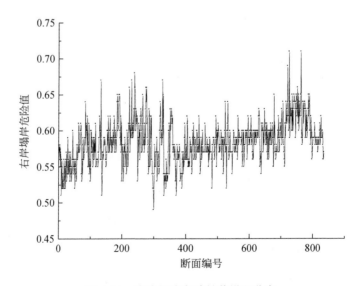

图6-11 右岸塌岸危险性值沿程分布

整体而言，右岸塌岸风险性值高于左岸，主要原因是右岸的河岸弯曲度和河岸高度整体大于左岸；但是在 640 号河段（西柳沟）之后左岸部分河段塌岸风险性高于右岸，该段左右岸的弯曲度明显增大，河流逐渐变为弯曲河型。河流凹岸的塌岸风险性明显高于凸岸，在该段防护河岸时要首先考虑凹岸河段。

综上所述，在石嘴山水文站以上 80km 河段和三湖河口—头道拐河段塌岸风险性值最高。石嘴山以上 80km 的河段，属于宁夏冲积平原的下段，该河段地层中主要以第四系冲积的沙砾石及泥质粉砂为主，有少许风积粉砂，河岸本身的抗冲性较弱。土壤上层泥质和下层细砂及粉砂质的二元结构导致土壤下部的细颗粒更容易被水流冲刷携带，破坏了土壤结构的稳定，减弱土壤的抗冲性。另外，该河段流量较大，降雨量充沛，水流对于河岸坡脚的冲刷剧烈；且河岸地表出现裂隙时，夏季高强度的降雨会加剧河岸的崩塌。对于三湖河口水文站之后的河段，由弯曲游荡型河段过渡为弯曲河段，河岸质地由泥质砂质二元结构变为泥质河岸；河流的弯曲度逐渐增大，河道变窄，主流线近岸致使水流对于凹岸的冲刷能力明显增强，而且在本书的评价指标体系中，河流弯曲度所占权重最大，因而得到该段塌岸危险性值最大。另外，该河段是黄河最北段，河流冰冻时间最长，春季的凌汛使得土壤结构被破坏，加剧了塌岸的危险。河流塌岸风险性较低的河段主要集中在青铜峡水文站以下 50km 和出了石嘴山水文站之后的峡谷河段。青铜峡水文站以下 50km 的河段位于宁夏冲积平原的上段，其地层以灵武组的冲积湖积粗粒物质为主，河床质主要是卵石砾石等，河岸物质较粗，即使该段河流流量最大，水流也难以搬运大颗粒物质；且该河段沿岸均有护岸措施（如丁坝、护坡等）保护沿河公路，降低了河岸崩塌的风险性。另外，该段冬季为不稳定冰封河段，仅有少量的流凌现象，凌汛对该段河岸的作用微弱。因此，整体而言该段的塌岸危险性非常低。黄河在出了宁夏石嘴山水文站后进入峡谷河段，该段河道稳定，河岸右侧是桌子山，左侧为贺兰山北麓，河流两岸部分为基岩，很难被侵蚀，塌岸危险性很低。但是在山前的洪积扇上，发育棕钙土、灰漠土，这两种土壤类型结构较弱，易于侵蚀；且河道多心滩发育，水流一般分为 2～3 股，河道相当不稳定，因而塌岸风险性相对要高。黄河在流经乌海段和磴口段时，左侧毗邻乌兰布和沙漠，风沙和河流共同作用影响河岸和河道的演变，该段是风蚀严重区。该段土壤颗粒以非黏性沙粒为主，土壤以风沙土和新积土为主，土壤的抗冲性差；该段河道宽窄相间，属于游荡型河段，水流比较散乱，河道摆动剧烈，因此，塌岸的风险性比较高。

6.4.2 塌岸风险分布图

黄河上游沙漠宽谷段在形状上呈"厂"字状，可以分作自南向北流向段和由西向东流向段两部分。在自南向北流向段，塌岸风险整体上由南向北逐渐增大；在由西向东流向段，塌岸风险整体上由西向东逐渐增大，在两个河段都存在强弱交替变化的规律（图6-12）。总体而言，黄河上游宁蒙河段右岸塌岸风险性高于左岸，在西柳沟之后，塌岸风险性较高的河段集中河流的凹岸；左右岸在石嘴山至巴彦高勒河段塌岸危险性的变化幅度最大，该河段宽窄相间，途经峡谷段，风蚀强烈，是典型的游荡分汊河段；塌岸风险性较高河段集中在银川至石嘴山段、乌海至磴口段及昭君坟水文站附近河段，风险性最大的河段在昭君坟附近。根据整个宁蒙河段的塌岸风险性分布图，就能够从整体上把握该河段的塌岸风险性分布状况，从而针对不同的塌岸状况因地制宜地对河岸进行防护。

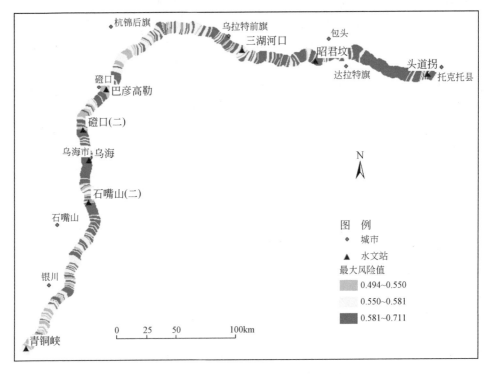

图6-12　黄河上游宁蒙河段塌岸风险性分布图

第7章 河岸崩塌量估算模型

非黏性河岸及黏性河岸的物质组成不同，坡面形态不同，崩塌特征存在很大差异，非黏性河岸的崩塌主要表现为单个颗粒沿浅层崩塌面下滑，黏性河岸的崩塌主要以块体形式沿有裂缝的崩塌平面下滑或直接翻转入河。本章根据其各自的崩塌特征分别建立了适用于两种河岸的塌岸侵蚀量计算方法。对于非黏性河岸，在一般非黏性河岸的研究基础上根据非黏性河岸崩塌特征，建立了基于剩余剪切力原理的塌岸侵蚀量计算方法，并根据水槽实验得出了流速的垂向分布公式，实现了直接用水面流速计算塌岸侵蚀量。对于黏性河岸，本章引入了河岸侵蚀模型（bank stability and toe erosion model，BSTEM），根据黏性河岸的崩塌特征，对模型进行了必要的修正与完善，确定了参数的取值方法，考虑了上一阶段河岸侵蚀对二次崩塌的影响，在给定初始河岸形态和多组水流条件及持续时间后实现模型的循环计算，建立了适合黏性河岸的塌岸侵蚀量计算方法。

7.1 非黏性河岸塌岸量估算模型

7.1.1 塌岸概化模式

非黏性河岸（又称风沙河岸）现场观测数据显示，河岸崩塌前后的坡面形态相似，根据现场实测数据和室内剪切实验得出，河岸崩塌前后非黏性河岸边坡角度均等于泥沙的内摩擦角，这与 Nagata 等（2000）进行的河岸冲刷过程室内实验结果一致。非黏性河岸塌岸的研究一般采用 Nagata 等（2000）建立的崩塌模式：河岸崩塌强度小，当坡脚被水流淘刷侵蚀超过坡体的临界稳定坡角时，崩塌体沿浅层崩塌面滑落，补充到坡脚被冲刷侵蚀的位置，直到坡角重新恢复到原坡角，坡面回到临界稳定状态。塌岸可以概化为"河岸坡脚被水流冲刷侵蚀—坡面失稳崩塌体下滑—崩塌物质补充到坡脚被侵蚀位置"的过程，塌岸侵蚀量一般通过建立河岸后退距离与河岸高度关系计算得出。

非黏性河岸崩塌特点主要表现在：单次崩塌强度小，崩塌物质沿浅层面下滑后堆积在水位以下坡体部分，然后通过水力侵蚀进入河道，完成河岸侵蚀过程，崩塌前后河岸坡脚均等于泥沙的水下休止角。但与此同时，黄河上游宁蒙河段的非黏性河岸具有有别于一般非黏性河岸的特征。该河段非黏性河岸地处沙漠区域，河岸顶部风沙运动频繁，沙丘的靠近与背离运动对河岸高度有较大影响。一方面，河道水位以下的河岸受到水力侵蚀，河岸因侵蚀而后退；另一方面，不断有风沙运动提供沙漠物质给河岸，沙漠向河道方向推进，导致河岸前移。因此，二者共同作用下，当河岸物质大量侵蚀进入河道后，河岸并不一定后退，河岸后退距离不能作为衡量河岸侵蚀强度的指标。因此，一般非黏性河岸崩塌的研究成果并不完全适用于该河段非黏性河岸。

结合一般黏性河岸崩塌特征和非黏性河岸特有的崩塌特点，黄河上游宁蒙河段的崩塌过程可以用图7-1来表示，图7-1（a）为岸顶风沙推移导致的河岸崩塌过程：①风沙流携带沙漠物质向河道方向推移，导致河岸坡角超过临界稳定坡角，坡面物质失稳下滑即图中所示崩塌体；②崩塌体堆积在水位以下坡体部分形成图中所示堆积体；③水力冲刷侵蚀带走坡脚堆积体，坡面回到临界稳定状态，进入下阶段崩塌。

图7-1（b）为水力侵蚀导致的河岸崩塌过程：①坡脚水力冲刷侵蚀导致水位以上河岸坡角超过临界稳定值，坡角侵蚀后形态如图中水力侵蚀线所示，坡面物质失稳下滑即图中所示崩塌体；②崩塌体堆积在水位以下坡体部分形成图中所示堆积体，水力冲刷侵蚀和河岸崩塌后的坡面平行于初始坡面；③河岸平行后退，坡面回到临界稳定状态，进入下一阶段崩塌。非黏性河岸在实际崩塌过程中，水力冲刷侵蚀和风沙运动可能同时存在，水力冲刷侵蚀部分可能直接由风沙推移来的沙漠物质填补。但是，非黏性河岸崩塌有一个共同特征：崩塌体体积小，一般为单个颗粒或多个颗粒下滑，松散颗粒沿浅层坡面下滑堆积在坡体下部而非直接进入河道，堆积体在水力冲刷侵蚀作用下进入河道，即无论河道水位以上由于何种原因导致的坡面物质下滑，完成坡体物质向河道泥沙转变过程的最终途径是水力冲刷侵蚀。基于此特征，在计算塌岸侵蚀量时可以不考虑水位以上河岸形态和崩塌机理，直接计算河道水力侵蚀量，把河岸崩塌量的计算转化为水力侵蚀量的计算。

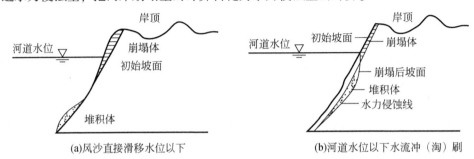

(a)风沙直接滑移水位以下   (b)河道水位以下水流冲（淘）刷

图7-1 非黏性河岸侵蚀过程

这种概化模式的特点表现在：①建立在非黏性河岸基础上，崩塌特点表现为坡面次崩塌强度小，崩塌体堆积在水位以下坡体部分，并未直接成为河道泥沙，河岸侵蚀即坡面物质转化为河道泥沙的过程最终是由水力侵蚀完成的；②方便塌岸侵蚀量计算，在计算时可以不必考虑整个河岸的崩塌过程，只考虑河道水流与河岸的交互作用，不用考虑水位以上河岸形态的变化及坡面物质下滑机理。

7.1.2 非黏性河岸崩塌量估算模型

根据以上概化模式，非黏性河岸塌岸侵蚀量计算可直接转化为水力侵蚀量计算。首先，根据水动力学原理对水力侵蚀进行受力分析，应用河岸侵蚀研究中常用的剩余剪切力方法判断河岸是否发生侵蚀。其次，应用水槽实验建立了流速与水深的关系，得出流速的垂向分布关系式，弥补了野外观测数据的不足。最后，得出了非黏性河岸塌岸侵蚀量的计算方法，为了便于多组数据计算，将计算过程在 Matlab 中实现。

（1）水力学分析

影响水力冲刷侵蚀的因素从力学角度分为两类：一类是促进水力冲刷侵蚀的作用力，即近岸水流切应力；另一类是阻止水力冲刷侵蚀的作用力，即河岸土体的抗蚀力。河岸土体是否起动取决于近岸水流切应力与河岸土体抗蚀力的大小。当近岸水流切应力小于土体的抗蚀力时，河岸稳定；当近岸水流切应力等于土体的抗蚀力时，河岸处于临界状态；当近岸水流切应力大于土体的抗蚀力时，河岸发生侵蚀。

河岸水力侵蚀量计算一般采用剩余剪切力法，即认为水力侵蚀速率与近岸水流切应力、河岸土体的抗蚀力之差有式（7-1）所示关系：

$$\varepsilon = k(\tau - \tau_c) \tag{7-1}$$

式中，ε 为侵蚀速率，m/s；τ、τ_c 分别为近岸水流切应力和土体的抗剪强度，Pa；k 为土体可蚀性系数，一般采用实验来确定。Hansan 和 Simon（2001）在收集了大量资料的基础上结合水下射流实验，总结了从 0 ~ 400Pa 变化时，土壤可蚀性系数与临界抗剪强度之间的关系为 $k = 0.2 \times 10^{-6} \tau_c^{-0.5}$，这与 Arulanandan 等在实验室进行的沟槽实验得出的测试结果趋势相似（郑颖人和唐晓松，2007），沟槽实验测得结果为 $k = 0.1 \times 10^{-6} \tau_c^{-0.5}$。这里令

$$k = \beta 0.1 \times 10^{-6} \tau_c^{-0.5} \tag{7-2}$$

其中 β 为修正系数, 根据实测数据确定。则有, 单位时间单位宽河岸侵蚀量 E:

$$E = \int_Y^H k(\tau - \tau_c)\,\mathrm{d}_y \tag{7-3}$$

式中, E 为单位时间单位长河岸水力侵蚀量, $m^3/(s \cdot m)$; H 为河道水深, m; Y 为发生侵蚀的水深, m; y 为任意一点的水深, m。

近岸水流直接作用于河岸, 导致河道水位以下河岸表层土体被直接冲刷侵蚀, 近岸水流冲刷力是引起河岸水力冲刷侵蚀的主要作用力, 一般采用近岸水流切应力表示。对于非黏性河岸而言, 河岸物质组成较粗, 属于非黏性河岸, 近岸水流切应力可用式 (7-4) 表示

$$\tau = \gamma RJ \tag{7-4}$$

式中, τ 为近岸水流切应力, Pa; γ 为水体容重, N/m^3; R 为水力半径, m; J 为河道比降。

根据谢才公式 $u = C\sqrt{RJ}$ 和曼宁公式 $C = \dfrac{1}{n}R^{1/6}$ 可得河道比降 J 的计算公式

$$J = \frac{u^2 n^2}{R^{4/3}} \tag{7-5}$$

对于宽浅河流 $R \approx H$, 因此有

$$\tau = \frac{\gamma u^2 n^2}{H^{1/3}} \tag{7-6}$$

式中, u 为水流流速, m/s; H 为河道水位, m; n 为河道糙率。

河岸土体的抗蚀力是阻止河岸水力侵蚀的作用力, 对于非黏性河岸而言, 颗粒间无黏性, 抗蚀力主要是河岸土体颗粒的有效重力, 一般可用 Shields 类型的起动拖曳力公式来计算 (王延贵, 2003), 与此同时需要考虑河岸形态等的影响, van Rijn (Leo, 1984; 杨明, 2006) 建立了 Shields 数与泥沙粒径参数之间的关系式:

$$\tau_c = (\rho_s - \rho)gd\theta_{cr} \tag{7-7}$$

式中, τ_c 为河岸土体抗蚀力, Pa; ρ_s、ρ 分别为泥沙、水流密度, kg/m^3; g 为重力加速度, N/kg; d 为河岸土体粒径, m; θ_{cr} 为 Shields 数, 采用式 (7-8) 计算。

$$\begin{cases} \theta_{cr} = 0.24(D_*)^{-1} & D_* \leqslant 4 \\ \theta_{cr} = 0.14(D_*)^{-0.64} & 4 < D_* \leqslant 10 \\ \theta_{cr} = 0.04(D_*)^{-0.10} & 10 < D_* \leqslant 20 \\ \theta_{cr} = 0.0013(D_*)^{0.29} & 20 < D_* \leqslant 150 \\ \theta_{cr} = 0.055 & D_* > 150 \end{cases} \tag{7-8}$$

式中，D_* 为泥沙粒径参数，

$$D_* = d\left[\frac{\rho_s}{\rho-1}\frac{g}{v^2}\right]^{1/3} \tag{7-9}$$

式中，v 为水流运动黏滞系数，$\mathrm{m/s^2}$。

（2）流速的垂向分布

流速受河床条件与河岸边界条件影响较大，它是影响近岸水流切应力的重要因子，因此有必要测出沿水深方向任意一点的流速。由于经常缺少现场实测的流速数据，尤其是在坡面松散且交通不便的非黏性河岸，很难观测流速的垂向分布，为了简化这一过程，这里借助水槽实验探索非黏性河岸流速沿水深的分布规律，建立任意一点流速与水面流速的关系式，从而应用水面流速计算任意水深的水流切应力。

水槽实验是在武汉大学水资源与水电工程科学国家重点实验室玻璃水槽中进行（详见9.1节）。该水槽横断面呈矩形，宽为1.2m，深为1.0 m，总长度为50m。水槽首部设有电磁流量计控制流量，尾门控制水位。选取河沙及与河沙比重及粒径相当的白矾石作为实验材料（$d_{50}=0.2\mathrm{mm}$），实验过程中采用水下地形仪观测断面形态，螺旋桨流速仪观测 10 个断面流速垂向分布。设计水位为19.0cm，设计流量分别为26L/s、32L/s、38L/s、42L/s、46L/s，见表7-1。实验结果显示近岸流速沿垂向呈现抛物线型分布，无量纲化后的流速与水深的关系如图 7-2 所示，可以近似用式（7-10）表示：

$$u/v = 0.56(y/H)^2 + 0.76(y/H) + 0.81 \tag{7-10}$$

式中，u、v 分别为测线上任意一点流速、水面流速，$\mathrm{m/s}$；y、H 分别为测线上任意一点水深和河道水深，m。

表7-1 水槽试验条件

组次	设计流量/（L/s）	实测流量/（L/s）	设计水深/cm	实测水深/cm	持续时间/h
1	26.00	25.87	19.00	18.95	2.50
2	32.00	31.71	19.00	19.07	2.50
3	38.00	37.88	19.00	19.13	2.50
4	42.00	41.96	19.00	19.37	2.50
5	46.00	45.84	19.00	19.41	2.50

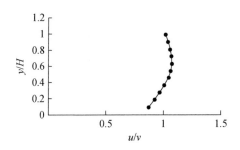

图 7-2　u/v 与 y/H 关系示意图

（3）河岸侵蚀速率

根据流速垂向分布公式，由水面流速可以计算任意水深流速，将式（7-10）代入近岸水流切应力计算公式（7-6）可得由水面流速计算任意水深的近岸水流切应力计算公式：

$$\tau = \frac{\gamma \alpha^2 v^2 n^2}{H^{1/3}}\left[0.56\left(\frac{y}{H}\right)^2 + 0.76\left(\frac{y}{H}\right) + 0.81\right]^2 \tag{7-11}$$

由式（7-11）可得，$y \in [0, H]$，τ 在此区间为递增函数，即近岸水流切应力随着水深 y 的增加而增加，当 $y=0$ 时，近岸水流切应力 $\tau_{y=0}$ 取得最小值 $\tau_{\min}$；当 $y=H$ 时，近岸水流切应力 $\tau_{y=H}$ 取得最大值 $\tau_{\max}$。

将式（7-11）代入式（7-3）可得河岸侵蚀速率 E 的计算公式：

$$E = \int_Y^H k\left\{\frac{\gamma \alpha^2 v^2 n^2}{H^{1/3}}\left[0.56\left(\frac{y}{H}\right)^2 + 0.76\left(\frac{y}{H}\right) + 0.81\right]^2 - \tau_c\right\}\mathrm{d}y \tag{7-12}$$

式中，Y 为河岸发生水力侵蚀的最小水深，m；y 为任意一点的水深，m；当 $\tau_{\min} \geqslant \tau_c$ 时，$Y=0$；当 $\tau_{\min} < \tau_c$ 且 $\tau_{\max} > \tau_c$，令 $\tau_c = \tau$ 求解临界值 Y；当 $\tau_{\max} \leqslant \tau_c$ 时，$E=0$。

（4）计算流程

计算过程在 MATLAB 中实现，计算流程如图 7-3 所示。首先，输入计算所需参数，包括河岸参数：河岸物质组成平均粒径由粒径级配实验测得；河道及水流参数：泥沙密度（取值 2650kg/m³），水的密度（取值 1000kg/m³），运动黏滞系数（取值 1.31×10^{-6}），河道糙率由参考文献或实际测得。其次，定义计算公式，包括近岸水流切应力公式、河岸土体抗蚀力公式和塌岸侵蚀速率计算公式。最后，输入多组水深和水面流速 $[H, v]$，计算对应的塌岸侵蚀量 E。

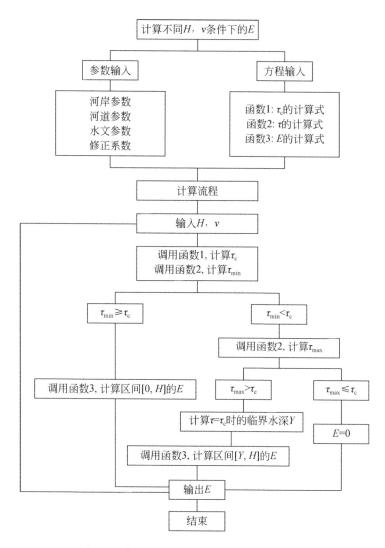

图 7-3　非黏性河岸河岸塌岸侵蚀量计算流程

7.2　黏性河岸塌岸量估算模型

7.2.1　塌岸概化模式

黏性河岸（又称黏性沙河岸）崩塌侵蚀主要由水力侵蚀和重力侵蚀两部分

组成，水力侵蚀即河岸坡脚受水力淘刷作用，一方面直接带走河岸泥沙，另一方面改变了河岸形态导致河岸变高变陡，降低了河岸稳定性；重力侵蚀即河岸含水量的变化及河岸形态的变化引起河岸本身物理和化学性质的改变，导致河岸土体的抗滑力小于下滑力，河岸在重力作用下发生崩塌侵蚀。

根据实地观察，黏性河岸的崩塌过程表现为：河道水位升高时，坡脚侵蚀加速导致河岸岸高增加坡度增大，地下水位升高导致河岸土体有效重力降低，土体的抗剪强度减小，河岸出现崩塌；河道水位下降时，河道水位产生的静水压力减小，河岸地下水位的滞后作用产生了由河岸流向河道的动水压力，大规模崩塌出现。黏性河岸崩塌模式可以概化为"坡脚水力淘刷侵蚀带走部分泥沙—河岸形态发生变化，坡度变陡高度增加，河岸理化性质发生改变，导致河岸受力发生改变，抗滑力小于下滑力—崩塌体沿崩塌斜面下滑或直接翻转入河"（Shu and Zhou，2016）。

7.2.2 黏性河岸崩塌量估算模型

BSTEM 模型是在理解塌岸机制的基础上提出的基于河岸侵蚀过程的模型，由预测塌岸稳定型的模块和计算坡脚侵蚀量的模块两方面构成。该模型可避免直接进行河岸测量，通过搜集影响河岸侵蚀的因素来间接获得河岸的侵蚀量，这为实地测量困难区域和大区域预测河岸侵蚀提供了极大方便。该模型是在实测值的基础上建立的，模型中提供了诸多参数的初始值，如针对不同河岸物质组成给出了不同土壤类型的属性值，针对不同的植被覆盖条件和坡脚保护措施给出了不同的影响因子值，因此实际收集较少的参数就可以运用该模型进行估算。

BSTEM 模型由美国农业部农业研究局提出，用来计算河岸稳定性和坡脚侵蚀速率，目前在国外得到了广泛的采用，但在我国的应用还很少见。该模型包括河岸稳定性分析模块和河岸坡脚侵蚀模块。第一部分采用极限平衡法计算河岸稳定值；后者用来计算水流冲刷所引起的河岸坡脚侵蚀速率和塌岸量。该模型是在EXCEL 环境中用宏命令实现，具体的输入参数包括河岸的形态、河岸物质组成、河岸植被及坡脚防护措施、河道的水力参数等。在野外实地测量时，测量同一形态的岸高，选取河段若干剖面等间距采集环刀样，带回实验室计算不同河段河岸不同深度的土壤质地。其对应的植被及防护措施则由现场记录，河道水流参数由黄河水文资料直接或间接获取。

运行 BSTEM 模型时，具体输入包括河岸几何形态、河岸物质组成、岸上植被及坡脚防护措施、河岸形态输出和坡脚侵蚀输出等几大部分。首先，需要输入河岸几何形态和河道水力参数（图7-4）。在河岸形态输入时，该模型提供了两种方式：一是输入河岸岸高、坡度、坡脚长和坡脚坡度；二是输入河岸剖面基点坐标。由于研究中较易获得第一种数据，因此采用选项二输入河岸剖面基点坐标。有关河道水力参数则查阅《中华人民共和国水文年鉴》中黄河流域水文资料。其次，输入河岸及坡脚物质组成。由于研究中测量条件的限制，很难获得土壤属性所要求的所有特性值，因此采用模型中本身提供的土壤属性值。然后，考虑岸上植被及坡脚防护措施对河岸侵蚀的影响。模型中提供的植被类型非常有限，缺乏典型河段的植被覆盖类型，因此在选取时依据最大相似性原则，尽量选择与实地条件接近的选项。最后，计算不同条件下崩岸面所发生的高度和角度，并在先前模拟的几何坡面上找到崩岸发生点，得出河岸最大崩岸宽度，坡脚侵蚀速率及塌岸量。

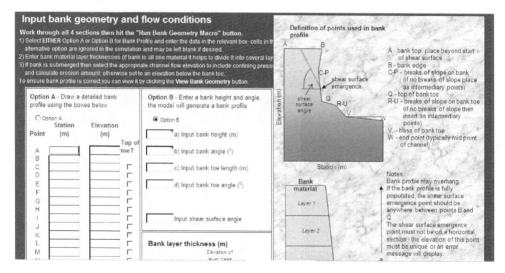

图 7-4　河岸形态参数输入界面

BSTEM 模型基于水动力学–土力学方法来判断河岸稳定性，同时模拟了河岸坡脚由于水力淘刷作用导致的侵蚀及河岸土体由于重力作用导致的崩塌过程，包括河岸坡脚侵蚀模块（toe erosion model）及河岸稳定性模块（bank stability），前者用来预测水力侵蚀引起的坡脚侵蚀速率及侵蚀量，在给定时间步长内经计算返回坡脚侵蚀后的坡面形态，后者采用经典的极限平衡法计算稳定系数，判断河岸是否稳定，它能够输出单次河岸崩塌的侵蚀量及崩塌后的河岸形态（Midgley et al.，2012）。为了计算连续时间段内多组水流条件的塌岸侵蚀量，本书对该模型进行了如下两方面的修正：①根据安全系数确定每次河岸崩塌的时间步长；②考虑上一阶段河岸侵蚀对下一阶段侵蚀的影响，在给定初始河岸形态和多组水流条件及持续时间等数据后实现模型的循环计算。

1. BSTEM 模型力学分析

（1）基本参数

河岸形态参数：河岸几何形态的确定有两种选择，第一种选择需要有河岸的详细坐标，包括河岸边缘点、河岸顶点、坡脚顶点、坡脚基点及河床末端点在内的 5~23 个坐标点；第二种选择需要输入岸高、坡度、坡脚长及坡脚坡度。河岸物质组成参数：为了精确研究河岸物质组成对塌岸的影响，在模型中可将河岸分为 5 层，分别输入每层物质的属性，包括平均粒径、容重、有效黏聚力、有效内摩擦角，水流及河道参数包括河道长度、河道比降、水位、水位持续时间。

（2）坡脚侵蚀模块

坡脚侵蚀采用剩余剪切力原理，即当水流平均剪切力大于土体的抗侵蚀力时，土体被侵蚀，侵蚀宽度用式（7-13）计算：

$$\Delta B = k\Delta t(\tau - \tau_c) \tag{7-13}$$

式中，ΔB 为侵蚀宽度，m；k 为土体的可蚀性系数，$\mathrm{m^3/Ns}$，根据 Hansan 实验取值 $k=0.1\times10^{-6}\tau_c^{-0.5}$；$\Delta t$ 为时间步长；τ 为水流的平均剪切强度，Pa；τ_c 为土体的临界抗剪强度，Pa，当平均粒径 $d<2\mathrm{mm}$ 时，采用经验公式取值 $0.71d$。

（3）河岸稳定性模块

图 7-5 所示为河岸受力示意图，定义安全系数为抗滑力与下滑力之比，当安全系数大于 1 时，河岸稳定；当安全系数等于 1 时，河岸处于临界状态；当安全系数小于 1 时，河岸发生崩塌。基于极限平衡思想采用条分法将出现张裂缝的崩塌概化如下：

$$F_s = \frac{F_R}{F_M} = \frac{\cos\beta \sum_{j=1}^{J} c_j' L_j + S_j \tan\phi_j^b + (w_j - U_j)\tan\phi_j'}{\sin\beta \sum_{j=1}^{J} (W_j) - P_j} \tag{7-14}$$

式中，F_R、F_M 分别为土体抗滑力和下滑力；β、L 分别为崩塌面角度和崩塌面长，模型采用随机移动搜索算法寻找最小安全系数，从而确定崩塌面；c' 为有效黏聚力；ϕ' 为土体有效内摩擦角；ϕ^b 为表观黏聚力随基质吸力的变化率，模型提供了选择数据库也可根据实测结果输入数据；S 为基质吸力；U 为孔隙水压力；W 为有效重力；P 为静水压力，根据地下水位与河道水位计算得到；j 为层数。

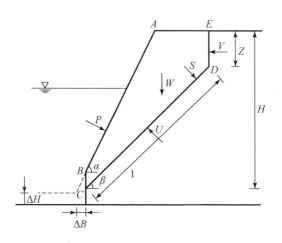

图 7-5　黏性河岸受力分析示意图

注：W 为重力，P 为静水压力，U 为孔隙水压力，S 为基质吸力，V 为张裂缝静水压力。

孔隙水压力计算公式如下：

$$\mu_w = \gamma_w h_{地下} \tag{7-15}$$

式中，u_w 为孔隙水压力；γ_w 为水的容重；$h_{地下}$ 为河岸地下水位。处于地下水位以下的土体 u_w 为正的孔隙水压力，处于地下水位之上的土体 u_w 为负的孔隙水压力，即基质吸力。

静水压力计算公式：

$$P = \gamma_w h \tag{7-16}$$

式中，h 为河道水位。

（4）运行过程

采用 BSTEM 模型计算塌岸时，首先输入基本参数，然后运行坡角侵蚀模块，再返回新的坡面形态，运行河岸稳定模块，如果安全系数小于 1，则输出本次崩塌体积与河岸后退距离，若不发生崩塌，则模型运行流程如图 7-6 所示。

图 7-6　BSTEM 模型运行流程

2. 模型参数修正及计算流程

BSTEM 模型模拟结果为单次塌岸侵蚀量，而在实际情况中，尤其汛期塌岸持续发生，上一次塌岸会影响下一次塌岸的发生，因此有必要把上一次崩塌或坡脚侵蚀的结果累积到下一阶段的计算中。为了与实际情况更为接近，在计算黏性河岸崩塌侵蚀量时，在 BSTEM 模型的基础上进行了适当修正：①根据安全系数确定每次河岸崩塌的时间步长，当安全系数等于 1 时河岸侵蚀需要的时间定义为时间步长，通过试算法确定；②考虑上一阶段河岸侵蚀对下一阶段侵蚀的影响，在运行河岸稳定模块后不仅输出河岸侵蚀量同时输出新的河岸形态，输入水流参数，再次运行模型。在给定初始河岸形态和多组水流条件及持续时间后实现模型的循环计算，此循环计算可通过 Visual Basic 编写的子程序嵌入 EXCEL 宏命令来实现，最后将每次输出值累加得出总得河岸侵蚀量。

黏性河岸塌岸侵蚀量计算流程（图 7-7）如下：

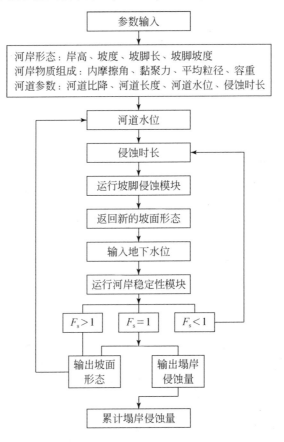

图 7-7　黏性河岸塌岸侵蚀量计算流程

第一步：坡脚水力侵蚀计算。输入参数，其中初始河岸形态参数包括岸高、坡度、坡脚长、坡脚坡度，由实际测量可得；河岸物质组成参数包括内摩擦角、黏聚力、平均粒径、容重，由室内实验测得；河道参数包括河道比降、河道水位、河道长度和侵蚀时长，由水文站提供数据和本书实测数据确定。确定各参数后，运行河岸坡脚侵蚀模块。

第二步，河岸稳定性计算。运行河岸坡脚侵蚀模块后返回新的坡面形态，输入地下水位和张裂缝数据，运行河岸稳定性模块。如果安全系数大于1，则河岸稳定；如果安全系数小于1，则返回坡脚水力侵蚀模块，重新输入侵蚀时长数据并将此时的侵蚀时长定义为时间步长，河岸侵蚀的时间步长为河岸发生单次塌岸所需要的时间，时间步长小于或等于侵蚀时长，由安全系数决定，采用试算法确定，即通过假设不同的时间步长计算安全系数，采用安全系数等于1时的时间步长进行模拟计算。

第三步：将第二步运行结束后的坡面形态返回第一步，输入新的水力学参数，再次运行第一步。

第四步：塌岸侵蚀量计算。将每次模拟输出的塌岸侵蚀量累加，最终确定总的侵蚀量。

7.3 模型验证

7.3.1 黏性河岸差分 GPS 测量与 BSTEM 模型计算成果的校验

国外多数学者利用 BSTEM 模型进行河岸稳定性和河岸侵蚀量计算。因此，本书对比分析差分 GPS 测量计算结果和 BSTEM 模型估算结果，为 BSTEM 模型的修订以便适应我国河岸侵蚀研究现状提供数据支撑。表 7-2 为计算各河段塌岸量所用的 BSTEM 模型参数，计算河段的河岸形态如图 7-8 所示。由于 BSTEM 模型计算的是一定岸型和水文条件下的塌岸情况，因此取多年平均河岸侵蚀体积与 BSTEM 模型的计算结果比较。

表 7-2 典型河段 BSTEM 模型输入参数表

输入参数		毛不拉灌木段	毛不拉农地段	陶乐农地段
河岸形态	岸高/m	5	3	5
	坡角/(°)	85	85	85
	坡脚长/m	5	5	0.5
	坡脚坡度/(°)	10	20	10

输入参数		毛不拉灌木段	毛不拉农地段	陶乐农地段
河道水流参数	河道长度/m	540	1400	1800
	河道比降/(m/m)	0.000 098 6	0.000 098 6	0.000 238 2
	河道水位/m	1.5	1.5	1.5
	侵蚀时长/h	720	1400	8760
河岸组成物质	第一层	粗砾石	侵蚀泥沙	侵蚀泥沙
	第二层	细沙	侵蚀泥沙	侵蚀泥沙
	第三层	细沙	中粉沙	侵蚀泥沙
	第四层	细沙	—	中粉沙
	第五层	细沙	—	中粉沙
	坡脚	细沙	中粉土	中粉土
植被覆盖		三角叶杨	干草甸	干草甸

(a)毛不拉灌木段　　(b)毛不拉农地段

(c)陶乐农地段

图 7-8　典型河岸形态

表 7-3 为差分 GPS 测量计算结果和 BSTEM 模型估算结果。陶乐段和毛不拉

农地段，BSTEM 模型计算结果与差分 GPS 测量数据比较接近。两河段有很多的相似性，岸上土地利用类型和岸坡物质组成上基本一样，而且河岸高度类似，因此运用 BSTEM 模型计算时所选取的参数接近。由于 BSTEM 模型在岸上植被利用模块中并没有提供两岸实际植被覆盖类型，所以两河段都选取草地类型。但是针对毛不拉灌木段的结果，BSTEM 模型运算结果为差分 GPS 测量值的 10 倍，这很大程度上与河岸物质组成的选取有关。毛不拉灌木段处于毛不拉孔兑和黄河主干道的交互处，该河段的岸坡物质组成不均一，由于孔兑带来的大量石砾，岸上组成物质中粗糙的砂砾含量较高，因此运用 BSTEM 模型计算河岸侵蚀体积比差分GPS 测量值偏大。

表 7-3　BSTEM 模型与差分 GPS 测量河岸侵蚀体积对比　（单位：m³）

典型河段	BSTEM 模型计算体积	差分 GPS 测量河岸侵蚀体积
毛不拉灌木段	2 119	236
毛不拉农地段	3 720	3 163
陶乐农地段	11 090	11 763

7.3.2　塌岸量估算模型的验证

2011～2014 年差分 GPS 测量塌岸数据见表 7-4。

表 7-4　2011～2014 年差分 GPS 测量塌岸数据

年份	河段	陶乐	风沙观测点	磴口	东柳沟	毛不拉
2011	河道长度/m	4000.0	300.0，300.0，200.0，100.0	3000.0	4000.0	4000.0
	年崩塌量/万 t	74.8～149.6	11.9	110.4～184.0	104.5～125.4	64.8～74.0
	侵蚀强度/[万 t/(km·a)]	18.7～37.4	13.2	36.8～61.3	26.13～31.4	16.2～18.5
	后退距离/m	33.0～66.0	22.0	50.0～83.3	35.7～42.9	34.0～39.8
2012	河道长度/m	4000.0	300.0，300.0，100.0	3000.0	5000.0	4000.0
	年崩塌量/万 t	46.5～76.4	8.9～14.6	64.0～117.3	111.5～168.7	55.7～71.6
	侵蚀强度/[万 t/(km·a)]	11.63～19.1	12.7～20.9	21.3～39.1	22.3～33.7	13.9～17.9
	后退距离/m	22.0～36.5	28.0～46.8	44.5～82.0	23.7～35.9	28.8～37.0

年份	河段	陶乐	风沙观测点	磴口	东柳沟	毛不拉
2013	河道长度/m	4000.0	3000.0	4000.0	6000.0	4000.0
	年崩塌量/万 t	66.9~93.4	14.3~16.6	71.0~142.0	139.3~222.9	46.5~63.1
	侵蚀强度/[万 t/(km·a)]	16.7~23.4	4.8~5.5	17.8~35.5	23.2~37.2	11.6~15.8
	后退距离/m	29.8~41.6	11.1~12.9	32.0~64.2	24.7~39.5	24.0~32.6
2014	河道长度/m	2000.0	2000.0	3000.0	3000.0	5000.0
	年崩塌量/万 t	4.0~4.9	1.3~1.5	7.0~8.4	11.2~13.9	19.6~22.5
	侵蚀强度/[万 t/(km·a)]	2.0~2.5	0.7~0.8	2.3~2.6	3.7~4.6	3.9~4.5
	后退距离/m	7.1~8.7	3.1~3.6	10.6~12.7	9.9~12.3	11.1~12.7

注：风沙观测点：2011~2012 年为乌海，2013 年为刘拐沙头。

根据 2011~2013 年塌岸实测资料，采用修正时间步长等方法，进一步率定黏性河岸和非黏性河岸塌岸模型参数，并采用 2014 年的塌岸观测数据对 BSTEM 模型进行验证，完善了塌岸入黄泥沙量预测模型，表 7-5 表明 BSTEM 模型计算结果基本可信，可以用于黄河上游塌岸河段塌岸入黄泥沙量预测计算结果，其实测值详见第 8 章表 8-1。

表 7-5　2014 年典型塌岸河段塌岸量模型计算值

项目	陶乐	刘拐沙头	磴口	毛不拉	东柳沟
岸高/m	1.5	1.1	1.2	1.9	1.8
岸坡度/(°)	88.0	85.0	86.0	89.0	88.0
岸边水深/m	0.8	0.6	0.6	1.0	1.0
坡脚侵蚀长度/m	1.2	1.2	1.2	1.5	1.3
坡脚侵蚀角度/(°)	5.0	15.0	10.0	15.0	15.0
河道坡降	0.0015	0.0018	0.0015	0.0021	0.0018
河道长度/m	2000.0	2000.0	3000.0	5000.0	3000.0
C/KPa	6.3	0.0	8.1	1.8	7.5
φ/(°)	30.7	30.0	32.1	24.0	29.2
平均粒径/mm	0.04	0.2	0.04	0.1	0.1
土体湿容重/(10^3 kg/m^3)	1.9	2.0	1.8	1.9	2.1
后退距离/m	7.1~8.7	3.1~3.6	10.6~12.7	11.1~12.7	9.9~12.3
年崩塌计算值/万 t	4.0~4.9	1.3~1.5	7.0~8.4	19.6~22.5	11.2~13.9
年崩塌实测值/万 t	3.5	1.2	5.8	19.6	12.4
相对误差/%	-28.6	-10.7	-32.1	-7.4	-1.0

第8章 塌岸入黄泥沙量观测与估算分析

8.1 典型塌岸河段塌岸入黄量观测结果

通过 2011～2015 年五年的黄河上游宁蒙河段 22 次的现场观测,获得河岸形态数据 165 组、粒径级配 1820 组、剪切强度 44 组、容重 421 组、含水 421 组、孔隙水压 60 组,建立了典型塌岸河段塌岸崩塌影响因子的数据库,也由此得到了塌岸特征、类型及其分布;先后托运现场岸边泥沙至武汉大学进行水槽实验,最大程度上减小了模型沙带来的误差;观测得到 2011～2015 年典型塌岸河段的崩塌形态特征值,基于河岸崩塌量估算模型,可估算重点典型塌岸河段塌岸量,结果见表 8-1,为进一步估算宁蒙全河段崩塌量提供了数据基础。

表 8-1 2011～2015 年典型塌岸河段崩塌观测量

年份	项目	河东沙地	陶乐	乌海	刘拐沙头	磴口	毛不拉	东柳沟
2011	观测长度/km	4.00	2.50	2.20	—	4.00	5.00	4.00
	崩塌量/万 t	52.40	6.89	1.26		75.53	5.96	2.37
	侵蚀强度/[万 t/(km·a)]	13.10	2.76	0.57		18.89	1.19	0.59
2012	观测长度/km	4.00	2.00	2.00	—	4.00	5.00	5.00
	崩塌量/万 t	49.98	7.02	2.45		31.8	9.45	63.6
	侵蚀强度/[万 t/(km·a)]	12.50	3.51	1.23		7.95	1.89	12.72
2013	观测长度/km	3.00	2.00		2.00	3.00	5.00	4.00
	崩塌量/万 t	36.73	8.32	—	1.92	1.72	14.63	35.62
	侵蚀强度/[万 t/(km·a)]	12.24	4.16		0.96	0.58	2.93	8.90
2014	观测长度/km	3.00	1.60		2.00	3.00	5.00	3.00
	崩塌量/万 t	31.20	3.46	—	1.21	5.83	19.60	12.43
	侵蚀强度/[万 t/(km·a)]	10.40	2.16		0.61	1.94	3.92	4.14

续表

年份	项目	河东沙地	陶乐	乌海	刘拐沙头	碛口	毛不拉	东柳沟
2015	观测长度/km	3.00	2.50	—	2.00	3.00	5.00	3.00
	崩塌量/万 t	51.67	0.00		1.84	0.00	20.36	1.43
	侵蚀强度/ [万 t/(km·a)]	17.22	0.00		0.92	0.00	4.07	0.44

注：2011~2012 年风沙地观测点为乌海，2013 年后由于该地建设水库，将风沙观测点由乌海移至刘拐沙头；2015 年数据更新截至 2015 年 9 月，2015 年陶乐和碛口观测点均建设了人工防护堤坝，所以无崩塌量。

8.2 2011~2015 年宁蒙河段塌岸入黄泥沙量的估算

由于现场观测所选择的 7 个典型塌岸河段侵蚀强度过大，不具有一般代表性，无法直接通过 7 个典型塌岸河段的侵蚀量来推算全河段的塌岸入黄量。此外，根据黄河上游宁蒙河段塌岸风险性分布图（图 6-12）可知青铜峡之后 50km 河段及石嘴山至乌海乌达区峡谷河段塌岸危险性最低，青铜峡至石嘴山共 194km 左右，有 94km 的河段塌岸危险性值在平均值之上，占该河段的 48.5%，所以提出根据典型塌岸河段塌岸量观测成果和全河段的塌岸风险性分布图相结合的方法来计算 2011~2015 年宁蒙河段塌岸入黄泥沙量。主要计算框图可总结如图 8-1 所示：

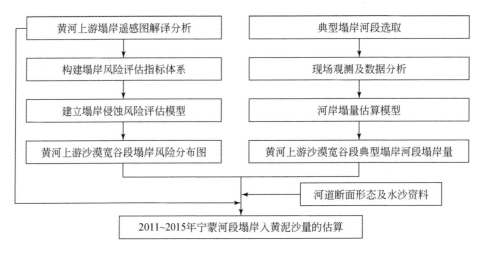

图 8-1 宁蒙河段塌岸入黄泥沙量的估算流程

首先，根据塌岸风险分布图将侵蚀强度分为五个等级：极强（典型重点塌岸河段塌岸观测值);强(风险图的红色区域);中(风险图的黄色区域);弱(风险图的绿色区域);极弱(下沿河至青铜峡河段),该河段侵蚀轻度不大,暂不考虑。从图 6-12 可见,7 个典型重点观测河段塌岸侵蚀很高,属于极强侵蚀等级范围。此外从图 6-10 ~ 图 6-12 可知,黄河上游宁蒙河段左右岸侵蚀强度有很大差别,右岸塌岸量普遍高于左岸,且右岸风险强度沿程距离要大于左岸,见表 8-2 和表 8-3。

表 8-2　左右岸风险特征值统计表

河段	左岸塌岸危险度值			右岸塌岸危险度值		
	最大值	最小值	平均值	最大值	最小值	平均值
青铜峡—石嘴山	0.607	0.437	0.514	0.670	0.514	0.572
石嘴山—磴口	0.604	0.464	0.534	0.682	0.531	0.596
磴口—巴彦高勒	0.613	0.430	0.502	0.668	0.494	0.570
巴彦高勒—三湖河口	0.561	0.459	0.516	0.641	0.508	0.574
三湖河口—头道拐	0.670	0.486	0.552	0.711	0.538	0.598

表 8-3　河岸崩塌危险性等级分布

宁蒙河段		弱	中	强
左岸	长度/km	585.0	183.0	67.0
	比例/%	70.1	21.9	8.0
右岸	长度/km	76.0	364.0	395.0
	比例/%	9.1	43.6	47.3

其次,根据 2011 ~ 2015 年塌岸现场观测数据及塌岸风险分布图,结合河道水沙资料分析,可估算得出 2011 ~ 2015 年全河段的塌岸量,估算公式如下:

$$V = \sum_{i=1}^{5} E_i L_{左i} + \sum_{i=1}^{5} E_i L_{右i} \tag{8-1}$$

式中,E_i 为各侵蚀等级对应的强度;$L_{左i}$、$L_{右i}$ 分别为左右岸侵蚀强度。

$i = 1$ 时,侵蚀等级为极强:青铜峡—头道拐,对该河段内极强的重点坍塌河段进行了实地测量,侵蚀强度为实际测量结果;

$i = 2$ 时,侵蚀等级为强:青铜峡—头道拐,利用强等级侵蚀强度和左右岸的对应长度计算;

$i=3$ 时，侵蚀等级为中：青铜峡—头道拐，利用中等级侵蚀强度和左右岸的对应长度计算；

$i=4$ 时，侵蚀等级为弱：青铜峡—头道拐，利用弱等级侵蚀强度和左右岸的对应长度计算；

$i=5$ 时，侵蚀等级为极弱：下沿口—青铜峡，该河段为山区河流侵蚀量少，暂不考虑，侵蚀强度定为0。

最后，根据式（8-1）及现场观测结果见表8-4～表8-8。

表8-4　2011年全河段塌岸量初步估算结果

时段	塌岸强度	风险系数	2011 年左岸			2011 年右岸		
			长度/km	侵蚀强度/[万 t/(km·a)]	崩塌量/万 t	长度/km	侵蚀强度/[万 t/(km·a)]	崩塌量/万 t
青铜峡—头道拐	极强		21.7	6.65	144.41	21.7	6.65	144.41
	强	0.646	45.3	2.87	129.95	373.3	2.87	1071.37
	中	0.5655	183	2.51	459.56	364	2.51	914.50
	弱	0.522	585	2.32	1356.09	76	2.32	176.25
下河沿—青铜峡	极弱	0	245	0.00	0.00	245	0.00	0.00
总计	—	—	1080	—	2090.01	1080	—	2306.53

注：左右岸总崩塌量为4396.54万 t。

表8-5　2012年全河段塌岸量初步估算结果

时段	塌岸强度	风险系数	2012 年左岸			2012 年右岸		
			长度/km	侵蚀强度/[万 t/(km·a)]	崩塌量/万 t	长度/km	侵蚀强度/[万 t/(km·a)]	崩塌量/万 t
青铜峡—头道拐	极强		22	7.47	164.30	22	7.47	164.30
	强	0.646	45	5.85	263.47	373	5.85	2182.05
	中	0.5655	183	5.12	936.96	364	5.12	1864.05
	弱	0.522	585	4.73	2767.62	76	4.73	359.48
下河沿—青铜峡	极弱	0	245	0.00	0.00	245	0.00	0.00
总计	—	—	1080	—	4132.35	1080	—	4569.88

注：左右岸总崩塌量为8702.23万 t。

表 8-6　2013 年全河段塌岸量初步估算结果

时段	塌岸强度	风险系数	2013 年左岸			2013 年右岸		
			长度/km	侵蚀强度/[万 t/(km·a)]	崩塌量/万 t	长度/km	侵蚀强度/[万 t/(km·a)]	崩塌量/万 t
青铜峡—头道拐	极强		19	5.207	98.94	19	5.207	98.94
	强	0.646	48	3.597	172.65	376	3.597	1352.40
	中	0.5655	183	3.149	576.19	364	3.149	1146.09
	弱	0.522	585	2.756	1612.40	76	2.756	209.47
下河沿—青铜峡	极弱	0	245	0	0.00	245	0.00	0.00
总计	—	—	1080	—	2460.18	1080	—	2806.90

注：左右岸总崩塌量为 5267.08 万 t。

表 8-7　2014 年全河段塌岸量初步估算结果

时段	塌岸强度	风险系数	2014 年左岸			2014 年右岸		
			长度/km	侵蚀强度/[万 t/(km·a)]	崩塌量/万 t	长度/km	侵蚀强度/[万 t/(km·a)]	崩塌量/万 t
青铜峡—头道拐	极强		17.6	4.19	73.73	17.6	4.19	73.73
	强	0.646	49.4	3.22	159.07	377.4	3.22	1215.23
	中	0.5655	183	2.82	515.83	364	2.82	1026.02
	弱	0.522	585	2.60	1522.12	76	2.60	197.75
下河沿—青铜峡	极弱	0	245	0.00	0.00	245	0.00	0.00
总计	—	—	1080	—	2270.75	1080	—	2512.73

注：左右岸总崩塌量为 4783.48 万 t。

表 8-8　2015 年全河段塌岸量初步估算结果

时段	塌岸强度	风险系数	2015 年左岸			2015 年右岸		
			长度/km	侵蚀强度/[万 t/(km·a)]	崩塌量/万 t	长度/km	侵蚀强度/[万 t/(km·a)]	崩塌量/万 t
青铜峡—头道拐	极强		18.5	4.06	75.3	18.5	4.07	75.3
	强	0.646	48.5	2.68	130.19	376.50	2.68	1010.69
	中	0.5655	183	2.35	430.03	364.00	2.35	855.37
	弱	0.522	585	2.17	1268.95	76.00	2.17	164.86
下河沿—青铜峡	极弱	0	245	0	0	245	0	0
总计	—	—	1080	—	1904.47	1080	—	2106.22

注：左右岸总崩塌量为 4010.69 万 t；2015 年观测截至时间：2015 年 9 月底。

8.3 宁蒙河段塌岸入黄泥沙量的对比分析

黄河上游沙漠宽谷段 2011～2015 年各年份塌岸量如下：2011 年为 4396.54 万 t，2012 年为 8702.23 万 t，2013 年为 5267.08 万 t，2014 年为 4783.48 万 t，2015 年（截至 2015 年 9 月）为 4010.69 万 t，5 年全河段的塌岸量基本维持在 4000 万～8700 万 t，平均年塌岸量为 5432 万 t。根据中国科学院黄土高原综合科学考察队研究成果《黄土高原地区北部风沙区土地沙漠化综合治理》，下河沿至头道拐河段多年平均塌岸入黄泥沙量为 4555 万 t。再依据中国科学院寒区旱区环境与工程研究所杨根生研究员关于风成沙入黄量的估算结果，沙坡头至河曲段（即下河沿至头道拐河段）以风沙流和塌岸两种方式入黄泥沙总量为 5320 万 t，可见中国科学院研究成果与 2011～2015 年全河段年平均塌岸量估算值基本一致，表明塌岸入黄量估算成果具有一定的可靠性。

另外，2011～2015 年河岸塌岸量时空分布存在一定差异性。一方面，河道发生大量崩塌后由于堆积或者河道改道等因素可以使得崩塌在年际间变化较大，有些年份多，有些年份少；另一方面，崩塌本身发生在河道的不同位置，有可能出现崩塌河段与稳定河段相间分布，这种相间分布不仅发生在河道一岸，应该在两岸都有跳跃。在实地考察和遥感影像分析中发现黄河上游宁蒙河段右岸塌岸危险性高于左岸，但本次研究以右岸的数据为主，所以塌岸估算量存在一定误差，尚有待于进一步分析。

第9章 塌岸动力过程模拟实验

本章通过水槽概化实验，研究弯曲河段中塌岸淤床过程中水流结构变化、非黏性岸坡崩塌与河床冲淤的交互影响、崩塌体水力输移与塌岸淤床的交互影响、黏性岸坡崩塌与河床冲淤的交互影响，并进一步分析近岸河床组成对黏性岸坡崩塌的影响（余明辉等，2013a；冯雨等，2013；吴松柏和余明辉，2014；余明辉和郭晓，2014；李国敏等，2015；Yu et al.，2015；Yu et al.，2016）。

考虑到塌岸现象与水流动力条件、泥沙输移条件、河岸边界条件及河床形态具有密切的联系，因此实验总体规划原则包括不同河床及岸坡组成（非黏性土及黏性土）、不同流量级、不同水位（高水位及低水位）等影响因素，设计实验工况。以单因子分析的原则，分析各影响因子的影响规律。

实验中关注点在于不同来流条件下的水流结构、塌岸淤床水动力过程、岸坡崩塌量及河床淤积量、塌岸淤床贡献率、崩塌物与河床交换等。

9.1 实验装置及测量仪器

9.1.1 实验装置

为了验证并揭示弯道水流运动的基本规律，定性了解弯道水流结构，分析横向环流的形成和发展，使用实测数据点对弯道水流进行分析。实验是在武汉大学水资源与水电工程科学国家重点实验室的180°弯道实验水槽中进行的。水槽宽为1.2m，底坡比降为1‰，弯道段外径为3m，内径为1.8m。弯道上游顺直段长约16m，下游顺直段长约10m。水槽进口设有可以调节流量大小的闸门，尾门控制水深，尾部有一平板堰，通过读取堰顶水头来计算出水槽中流量。平板堰流公式如下：

$$Q = cbh^{1.5} \tag{9-1}$$

$$c = 1.785 + \frac{0.00295}{h} + 0.02237\frac{h}{b} - 0.428\sqrt{\frac{(B-b)h}{BD}} - 0.034\sqrt{\frac{B}{D}} \tag{9-2}$$

其中，$B = 0.915$m；$D = 0.7$m；$b = 0.5$m；h 为水深。

水槽进口设有可以调节流量大小的闸门,调节尾门控制水位。在弯道凹岸一侧弯顶至其下游顺直过渡段内壁均匀填筑试验材料模拟可动岸坡,首尾用碎石与边壁光滑连接;槽底填筑试验材料模拟可动河床。实验材料及横断面初始形态如下文详述,实验岸坡与河床的制作采用断面板法并控制同体积模型重量,以保证模型均匀性及可复制性,在弯道水槽中制作概化模型如图 9-1 所示。

沿程布置 12 个观测断面,观测断面位置布置如图 9-1 所示,"水位控制断面 CS0"以及尾门处设有测针控制水位,断面 CS0 槽底高程为水位零点。断面初始形态及断面流速测量点的布置如图 9-2 所示,每个断面上河床上横向布置 4 条垂

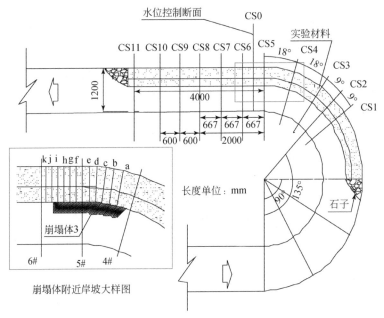

图 9-1 断面流速测量点布置

注:a,b,c,…,k 指小断面编号。

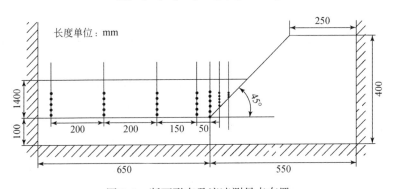

图 9-2 断面形态及流速测量点布置

直测线，岸坡上尽可能多地布置垂直测线，每条测线根据水深确定纵向的测点个数。为了研究岸坡崩塌后，崩塌体周围的流速分布和受力情况，在坡脚处增设崩塌体，崩塌体范围从 CS4～CS6，沿程加密设 11 个监测断面（CSa～CSk），有崩塌体时加密崩塌体上游端、下游端及临水面的观测，以便分析崩塌体周围的剪切应力，有崩塌体的横断面形态如图 9-3 所示。现场实验布置如图 9-4 所示。

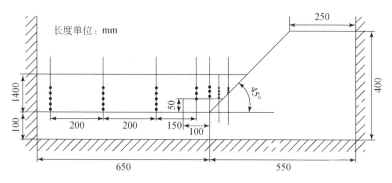

图 9-3　断面观测点布置（增加崩塌体）

(a)顺直段　　　　　　　　　　　(b)弯道段

图 9-4　现场实验布置

9.1.2　测量仪器

实验测量仪器主要包括流速仪、测针、带支撑架的测针、流速仪架子等。

实验中采用声学多普勒流速仪（acoustic doppler velocimeter，ADV）（Vectrino+）进行数据采集及分析。ADV 的测量技术基于相干多普勒处理，测量精度高，无零点漂移。ADV 由主机、4 个声束下视探头及平台操作软件组成，可测不超过 4m/s 的流速，测量精度为±0.5%，采样输出的频率范围为 1～200Hz，测量时将探头放置于距测点 5cm 处，采样点为高为 3～15mm，直径为 6mm 的圆柱体。图 9-5 和图 9-6 分别为（Vectrino+）详细的构造尺寸及平台操作软件。采样点位于探头下 5cm，远离传感器，从而避免了仪器本身对水流的干扰。ADV 可用来测量水流的三维流速，使用过程中数据点的采集需要一定时间，因此主要用于定岸定床实验中三维流速测量，ADV 三维流速仪可监测沿水流纵向、沿河宽方向及沿垂向三方向的瞬时流速分量，分别记为 $u(t)$、$v(t)$、$w(t)$。$u(t)$ 为指向下游的纵向瞬时流速；$v(t)$ 为横向瞬时流速，沿横断面由凹岸指向凸岸为正值；$w(t)$ 为垂直向瞬时流速，垂直床面向上为正值，工作图如 9-7 所示。

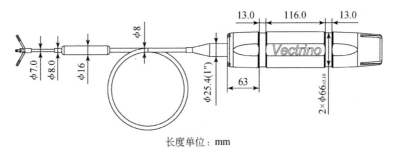

长度单位：mm

图 9-5　Vectrino+详细构造

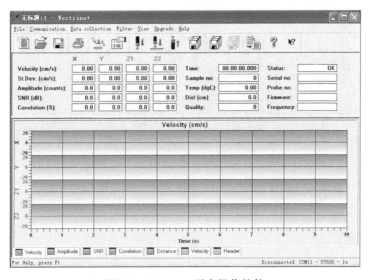

图 9-6　Vectrino+平台操作软件

图 9-7   实验过程中 ADV 测量流速

ADV 测速依据如下，固定声源和接收探头，当水流中粒子运动时，接收探头接收到的自由运动粒子反射或散射的声音频率将发生变化，它们的关系如下：

$$F_D = F_S(V/C) \tag{9-3}$$

式中，F_D 为多普勒频移；F_S 为发射频率；V 为运动粒子相对于接收探头的速度；C 为声速。

用其测量流速时，应注意以下事项：由于探头测得的是距其 5cm 处的流速，探头不能离地面太近；通过平台软件设置仪器的参数时，务必根据实际的流速大小选择流速范围，选择的流速范围可以大于实际流速范围，但是不能小于实际流速范围，否则会造成测量结果失真。

另外，在本次实验中，每个工况最后都需要测量地形的变化，将其与冲刷前的标准地形进行对比，以判断岸坡的崩塌与河床的淤积情况，便于定量研究。实验中，我们选取了武汉大学工程泥沙室开发的二维自动水下地形仪。

二维自动水下地形仪由可移动的水下地形仪、导轨、信号接收转换仪三部分组成，其原理是根据电阻率不同来判断水沙界面。众所周知，天然水体由于含有各种离子、杂质而具有导电性，其电阻率的大小依所含杂质或离子的浓度情况而异，模型实验中，常以粗细不同的粒状固态物为模型沙，如天然沙、塑料沙、粉煤灰、滑石粉等，这些固态物的电阻率与水的电阻率差别很大。实验表明，水中电阻率沿水深是渐进变化的，但在水沙分界面电阻率会发生相应的突变，正是这一突变，使电阻式冲淤判别仪能得以有效的工作。

其操作方法为，将导轨安放在测量断面上方，地形仪连接数据接收器，通过接收器将数据传给笔记本电脑。输入测量指令后，地形仪沿观测断面起点开始地形测量，当第一个点测完以后，按照给定的测量间距，地形仪在导轨上移往下一点，重复同样的工作。测量完成，二维坐标（起点距，高程）通过线缆传到电脑端，即可得到该断面地形。同理测量下一断面，当断面间距较小，便可得到较为精确的水下地形，通过计算可以得到地形冲淤量。需要注意的是，该地形仪在水面以下可以达到较高的测量精度，但在无水的情况下，会产生严重误差，甚至造成地形的破坏，通常一个典型断面（约 24 个测点）测量时间需 3min，不适用于对时间有严格要求的场合（图 9-8）。

(a)地形仪面板　　　　　　　　(b)地形仪工作状态

图 9-8　二维水下地形仪

9.2　实验条件及组次

9.2.1　实验条件的确定

根据黄河碛口河段（2011 年 7 月~2014 年 10 月）实测资料，有崩岸现象的右岸岸边流速 $u=0.5 \sim 0.8 \mathrm{m/s}$，水深 $h=4 \sim 6 \mathrm{m}$，佛劳德（Froude）数 Fr 的范围为 $0.07 \sim 0.12$；表 9-1 列出的工况中，可计算出概化模型 $h=0.14 \mathrm{m}$，$u=0.1 \sim 0.4 \mathrm{m/s}$，Fr 的范围为 $0.08 \sim 0.34$，可见概化实验的 Fr 的范围与原型观测值相近。

水流条件即流量条件和水位条件，实验共有 25L/s、30L/s、35L/s、40L/s、45L/s、50L/s、60L/s、80L/s、100L/s、105L/s 10 组流量条件，由于流量控制系统的误差，实际流量比设定流量略有出入，表 9-1~表 9-4 中给出的是实际流量；实验共有 19cm、23cm、24cm 3 组水位条件，用测针在水位控制断面控制水位为设定值，水位控制断面位置如图 9-1 所示。

表 9-1　组次 1 实验工况表

组次	工况 No.	流量/(L/s)	水位/cm	河床组成	河岸组成
1	1-1	30	24	固定	固定
	1-2	50	24		

表 9-2　组次 2~4 实验工况表

组次	工况 No.	流量/(L/s)	水位/cm	河床组成	河岸组成
2	2-1	23	19	白矾石 （材料二）	天然河沙 （材料一）
	2-2	29	19		
	2-3	32	19		
	2-4	35	19		
3	3-1	23	19	固定	天然河沙 （材料一）
	3-2	29	19		
	3-3	32	19		
	3-4	35	19		
4	4-1	27	23	白矾石 （材料二）	天然河沙 （材料一）
	4-2	38	23		
	4-3	42	23		
	4-4	46	23		

表 9-3　组次 5~8 实验工况表

组次	工况 No.	流量/(L/s)	水位/cm	河床组成	河岸组成
5	5-1	23	19	1. 白矾石（材料二） 2. 无崩塌体	天然河沙 （材料一）
	5-2	29	19		
	5-3	32	19		
6	6-1	23	19	1. 白矾石（材料二） 2. 崩塌体 1（材料三）	天然河沙 （材料一）
	6-2	29	19		
	6-3	32	19		
7	7-1	23	19	1. 白矾石（材料二） 2. 崩塌体 2（材料四）	天然河沙 （材料一）
	7-2	29	19		
	7-3	32	19		
8	8-1	23	19	1. 白矾石（材料二） 2. 崩塌体 3（材料四）	天然河沙 （材料一）
	8-2	29	19		
	8-3	32	19		

表9-4　　组次9~11实验工况表

组次	工况 No.	流量/(L/s)	水位/cm	河床组成	河岸组成
9	9-1	60	19	武汉沌口后官湖区域天然土与细沙的混合样（材料五）	
	9-2	80	19		
	9-3	100	19		
	9-4	106	19		
	9-5	106	19		
10	10-1	30	24	磴口土2（材料六）	
	10-2	40	24		
	10-3	50	24		
	10-4	60	24		
11	11-1	20	24	天然河沙（材料一）	磴口土2（材料六）
	11-2	30	24		
	11-3	40	24		

9.2.2　实验组次

组次1实验采用水泥固定河床与岸坡，可供详细稳定地观测弯道水流结构；在非黏性材料的基础上，组次2与组次3对比定床和动床对岸坡崩塌的影响，组次3与组次4对比不同水位对岸坡崩塌的影响；组次5~8对比有无崩塌体及崩塌体形态大小不同对二次崩塌的影响作用；组次9与组次10对比不同黏性材料对岸坡崩塌及河床交互的影响，组次10与组次11对比黏性河床及非黏性河床对黏性岸坡崩塌的影响。每个组次根据水流流量和水位条件、河床及岸坡边界条件划分为不同的工况，所有组次对应的工况见表9-1~表9-4。

9.3　实 验 用 沙

9.3.1　实验用沙的选择

不同组次实验采用不同的非黏性及黏性材料，非黏性材料包括天然河沙（称材料一，$d_{50}=0.44$mm）、白矾石（称材料二，$d_{50}=0.53$mm）、武汉大学珞珈山区域天然土与细沙的混合样（称材料三，$d_{50}=0.16$mm）；黏性材料包括黄河上游内蒙古境内磴口段河岸天然土样 1（称材料四，$d_{50}=0.063\text{mm}$）、武汉沌口后官湖区域天然土与细沙的混合样（称材料五，$d_{50}=0.41\text{mm}$）、黄河上游内蒙古境内磴口河段河岸天然土样 2（称材料六，$d_{50}=0.035\text{mm}$）。下面以组次为分类，阐述各种材料的物理性质。

组次 2~4 中使用的白矾石及河沙为非黏性材料，即材料一、材料二，级配曲线如图 9-9 所示，河床所用白矾石中值粒径 $d_{50}=0.53\text{mm}$，岸坡所用河沙中值粒径 $d_{50}=0.44\text{mm}$。

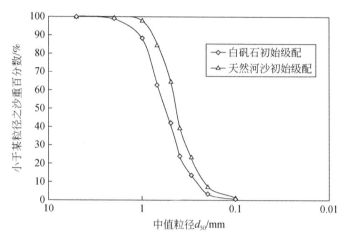

图 9-9　实验材料初始级配曲线

实验中采用黄河上游内蒙古境内磴口河段河岸天然土样 2（材料六）及天然河沙（材料一）。实验材料初始级配曲线如图 9-10 所示。

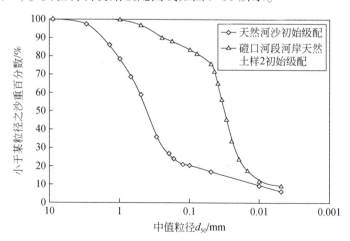

图 9-10　实验材料初始级配曲线

9.3.2　实验用沙的特性

每组实验非黏性及黏性材料垒筑完成，开始实验前取样 5 组，用烘干法测得含水率、体积对比法测得孔隙率，取平均值。实验材料物理性质见表9-5。

表9-5　实验材料物理性质

名称	中值粒径 d_{50}/mm	含水率 w/%	孔隙率 n/%	干密度 ρ_{d}/(g/cm³)	土粒比重/G_{S}
材料一（天然河沙）	0.44	24.29	45.21	1.41	2.58
材料二（白矾石）	0.53	32.60	40.23	1.50	2.50

黄河上游碛口天然土样的物理性质见表9-6。

表9-6　实验材料物理性质

名称	干密度 ρ_{d}/(g/cm³)	含水率 w/%	孔隙率 n/%	黏聚力 C/kPa	内摩擦角 φ/(°)
材料五（武汉沌口后官湖区域天然土与细沙的混合样）	1.67	11.23	34.29	15.50	15.90
材料六（碛口土2）	1.439	15.66	38.33	15.00	23.00

组次 5~8 河床及岸坡垒筑材料同组次 2~4。在断面 CS4~CS6 紧邻岸坡坡脚处增设立方形崩塌体（图9-11），横断面初始形态如图9-12 所示。沿水槽布置 22 个观测断面，其中在崩塌体附近加密设 11 个观测断面（CSa~CSk），如图9-11 所示。

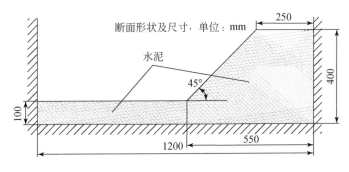

图9-11　组次1实验断面形状及尺寸示意图

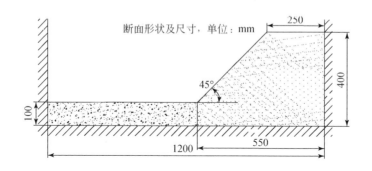

图 9-12　组次 9~11 实验断面形状及尺寸示意图

　　实验中考虑无增设崩塌体及增设不同崩塌体的情况，其中，崩塌体 1 为武汉大学珞珈山区域天然土与细沙的混合样（即材料三）；崩塌体 2 和崩塌体 3 同为取自黄河上游内蒙古境内磴口段河岸天然土样 1（简称磴口土 1，即材料四）。3 种崩塌体的级配曲线如图 9-13 所示，大小及土样特性见表 9-7。按照黏性颗粒（$d_{50} < 0.005$mm）的含量及粒径大于 0.075mm 的颗粒含量可将崩塌体 1 归类为沙土，将崩塌体 2、崩塌体 3 归类为黏性土。组次 9~11 实验材料为武汉沌口后官湖区域天然土与细沙以 1∶3 的比例混合均匀制成黏性土夹沙（材料五）。

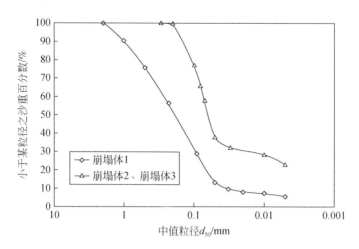

图 9-13　崩塌体级配曲线

表 9-7　黏土崩塌体土样特性表

名称	中值粒径 d_{50}/mm	孔隙率 n/%	体积/cm³	黏聚力 C/kPa	内摩擦角 φ/(°)	初始形状 /mm	初始位置
材料三（武汉大学珞珈山区域天然土与细沙的混合样）	0.16	30	3500	5	56.5	700×100×50	CS6 ~ CS12
材料四（磴口土1）	0.063	25	3500	16	42.4	700×100×50	CS6 ~ CS12
	0.063	25	5250	16	42.4	1050×100×50	CS1 ~ CS12

9.4　实验水沙因子与断面形态的概化

9.4.1　弯道水槽实验水沙因子的调试

在弯道水槽开展系列概化模型实验。为验证并揭示弯道水流运动的基本规律，定性了解弯道水流结构，分析横向环流的形成、发展，用水泥固定制作好的概化模型初始河床与岸坡，使用 ADV 实测典型横断面上三维水流流速分布（组次 1）；用非黏性材料塑造河床与岸坡，通过改变模拟材料的粒径组成及水流条件（流量及水位条件），研究顺直河段、弯曲河段中不同水沙关键因子条件下的岸坡崩塌过程，通过实验中的实时观测及对冲淤交互后河床的取样分析，定性研究塌岸土体与河床冲淤之间交互影响的过程及范围（组次 2 ~ 4）；以二元结构的河岸组成为研究背景，人为构造黏性崩塌体于弯道出口岸坡坡脚，通过实验中的实时观测及对冲淤交互后河床的取样分析，定性研究塌岸土体与河床冲淤之间交互影响的过程及范围（组次 5 ~ 8）；采用黏性土材料塑造岸坡，河床分别采用黏性及非黏性材料，通过改变水流边界条件，研究不同河型不同河床条件下的黏性岸坡崩塌模式，进一步通过实验中的实时观测及对冲淤交互后河床的取样分析，定性研究塌岸土体与河床冲淤之间交互影响的过程及范围（组次 9 ~ 11）。

9.4.2　实验初始断面形态的概化处理

组次 1 水槽横断面初始形态如图 9-11 所示，断面总宽度为 1.2m，其中河床宽度为 0.65m，岸坡宽度为 0.55m；河床高度为 0.1m，岸坡高度为 0.4m；岸坡坡度为 45°，岸坡及河床均用水泥固定。

组次 2 ~ 4，水槽横断面初始形态如图 9-14 所示，断面总宽度为 1.2m，其中河床宽度为0.66m，岸坡宽度为0.54m；河床高度为0.05m，岸坡高度为0.25m；岸坡坡度为33°，岸坡为河沙填筑，河床为白矾石铺成。

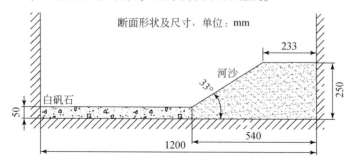

图9-14　组次2~4实验断面形状及尺寸示意图

　　组次5~8，水槽横断面初始形态如图9-15所示，断面形态与组次2~4相同，在岸坡与河床交界处添加黏土崩塌体。

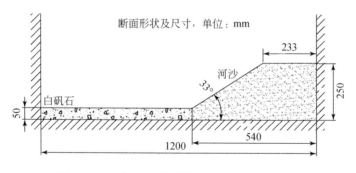

图9-15　组次5~8实验断面形状及尺寸示意图

　　组次9~11，水槽横断面初始形态如图9-12所示，断面形态与组次1相同。

第10章　塌岸淤床过程水动力学特征

近岸河床的冲刷改变了坡脚处的水流结构特点，从而对岸坡稳定性及崩塌产生重要影响。以典型工况为例分析河床冲刷变形前后流速、动能及紊动能、横向环流三个方面的变化规律及岸坡崩塌的水力机制。

10.1　流　速　分　布

10.1.1　水流紊动与脉动流速

以流量级 $30 \sim 106 \text{L/s}$、水温 $20℃$、水体运动黏性系数 $1.003 \times 10^{-6} \text{m}^2/\text{s}$ 计，水流雷诺数的数量级为 $2.8 \times 10^4 \sim 1.0 \times 10^5$。水流各流层之间发生强烈的掺混现象，在岸坡边壁处，流速梯度和剪应力强度较大，加上壁面糙度干扰的影响，在这些地方很容易产生小尺度涡体并有利于其发展，这些地方在水流紊动过程中是"涡体制造厂"，物质输移因此而产生。

用 ADV 可测量某一点的三维瞬时流速 $u(t)$、$v(t)$、$w(t)$。$u(t)$ 为指向下游的纵向瞬时流速；$v(t)$ 为横向瞬时流速，沿横断面由凹岸指向凸岸为正值；$w(t)$ 为垂直瞬时流速，垂直床面向上为正值。以流量为 30L/s 的工况 11-2 为例，图 10-1 为断面 CS5 凹岸坡脚床面附近水流流速脉动变化情况。由图可见，河床冲刷变形后，$u(t)$、$v(t)$、$w(t)$ 紊动幅度均比河床变形前大，由于坡脚附近被淘刷，$v(t)$ 的方向由凹岸指向凸岸变为由凸岸指向凹岸。河床变形后水流脉动强烈，强烈的脉动加大了对岸坡的随机扰动作用，从而导致土体颗粒与岸坡之间的咬合松动，易于土体颗粒从岸坡脱离分解，加速岸坡的崩塌。

为进一步说明岸坡崩塌过程中对瞬时流速及水流紊动的影响。图 10-2 为工况 8-3 情况下断面 CS5 凹岸坡脚床面附近、崩岸发生后崩塌体头部附近，如图 10-2 所示，水流流速脉动变化情况。对比可见，岸坡土体失稳崩塌堆积在坡脚附近，出现不连续段，水流紊动强烈，在崩塌体上游端及下游端会形成漩涡（图 10-3、图 10-4），不停旋转的涡体会加剧崩塌体周围水流紊动及对崩塌体的扰动和剪切，加速土体的分解破碎和输移。

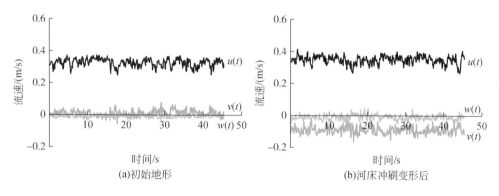

(a)初始地形　　　　　　　　　　(b)河床冲刷变形后

图 10-1　水流流速脉动变化情况

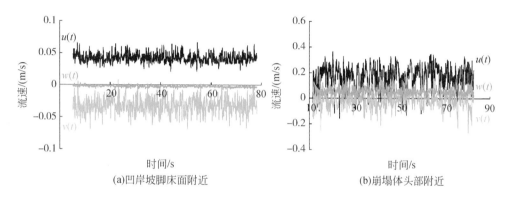

(a)凹岸坡脚床面附近　　　　　　(b)崩塌体头部附近

图 10-2　水流流速脉动变化情况

图 10-3　紊动涡体对岸坡崩塌的影响

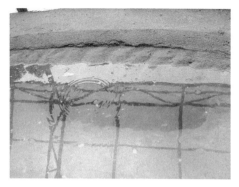

图 10-4　崩塌体附近局部水流紊动

10.1.2 纵向时均流速分布

岸坡崩退模式、崩塌量及稳定后的形态与近岸主流冲刷作用密切相关。纵向水动力作用大小及主流的近岸程度是崩塌体起动输移的主导因素，也是导致塌岸及与河床交换的重要原因。以工况 11-2 为例，河床冲刷变形前后地形及近岸流速分布如图 10-5 所示。由图可见，无论河床是否冲刷变形，主流进入弯道水槽后走势基本一致。水流进入弯道水槽后，顶冲弯顶（圆心角为 90°处）并折向凸岸，主流在 CS3 处靠近凸岸，后逐渐向凹岸偏转，CS5 ~ CS7 段靠近凹岸，在 CS9 之后又慢慢靠近水槽中部，这与动能的分布规律相符合。

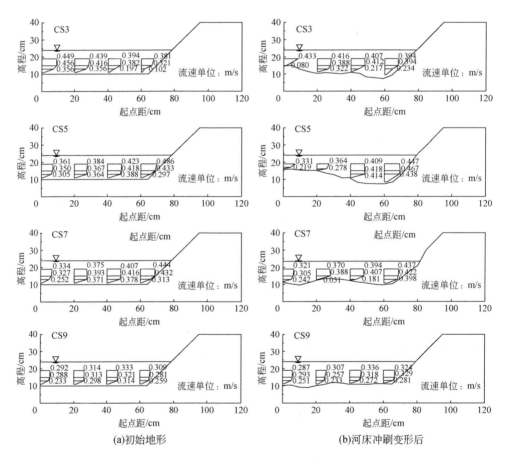

图 10-5 纵向时均流速分布

对比河床冲刷变形前后地形及近岸流速分布可知，一方面由于河床冲刷及岸坡崩塌导致过水断面面积增大使河床变形后断面平均流速有所降低；另一方面由于岸坡冲刷后退、坡脚淘刷，近岸纵向时均流速增大至 1.3～2.3 倍，为二次崩塌创造了条件，若悬移质水流挟沙力表达为

$$S^* = k \left(\frac{U^3}{gR\omega} \right)^m \tag{10-1}$$

式中，R 为水力半径；U 为断面平均流速；S^* 为水流挟沙力；ω 为泥沙沉速；k、m 为系数；若 m 一般取值在 1 左右，则河床冲刷变形后水流挟沙力可增大至 2～12 倍。

再以组次 9 为例，当上游来流量 $Q = 60\text{L/s}$ 作用 2.5h 后（工况 9-1）、$Q = 106\text{L/s}$ 作用 7.5h 后（工况 9-4），位于弯道段的断面 CS3、CS5 和位于顺直段的断面 CS7、CS9，断面形态及流速分布如图 10-6 所示。水流在弯道段逐渐贴岸，弯顶偏下游近岸流速达到最大。主流的位置，尤其近岸程度，是影响塌岸的重要因素。主流离岸坡越近，岸坡越容易崩塌失稳。发生岸坡崩塌最严重的断面依次是 CS5、CS7、CS3 与 CS9，与主流距岸坡由近渐远高度一致。图 10-6 中还可以

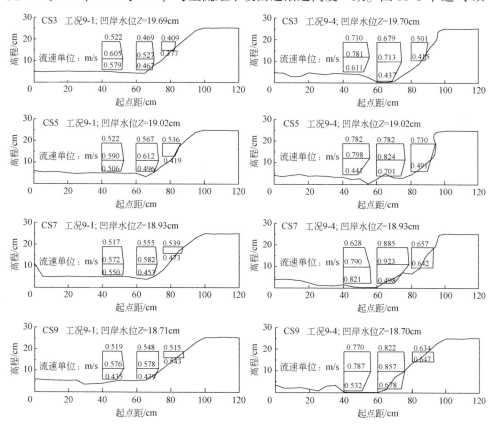

图 10-6 典型工况近岸流速分布

看出，不同流量级下岸坡崩退及河床冲淤变形情况。流速较小时（工况9-1），岸坡上只有少量土块剥落，岸线后退不明显；随着流速逐渐增大，在弯顶偏下区域大量土块开始剥落，水下岸坡冲刷明显，上部土体短时间内可呈悬空状态，然后坍塌、滑落至坡脚，岸线后退明显（工况9-4）。

10.2　动能与紊动能分布

水流的动能和紊动能可直观反映泥沙的起动及水流挟带和输送泥沙的能力。动能 K 和紊动能 K' 分别为

$$
\begin{aligned}
K &= \frac{\overline{u\ (t)^2} + \overline{v\ (t)^2} + \overline{w\ (t)^2}}{2} \\
K' &= \frac{\overline{u'(t)^2} + \overline{v'(t)^2} + \overline{w'(t)^2}}{2}
\end{aligned}
\tag{10-2}
$$

式中，$u'(t)$、$v'(t)$、$w'(t)$ 分别为三个方向上的脉动流速，$u'(t) = u(t) - \bar{u}$、$v'(t) = v(t) - \bar{v}$、$w'(t) = w(t) - \bar{w}$。$\bar{u}$、$\bar{v}$、$\bar{w}$ 分别为三个方向上的流速时均值。以工况1-1、工况11-2为例，河床冲刷变形前后CS3、CS5、CS7、CS9的无量纲动能 $K/(U^2/2)$（其中 U 为断面平均流速）分布如图10-7所示、无量纲紊动能 $K'/(U^2/2)$ 分布如图10-8所示。

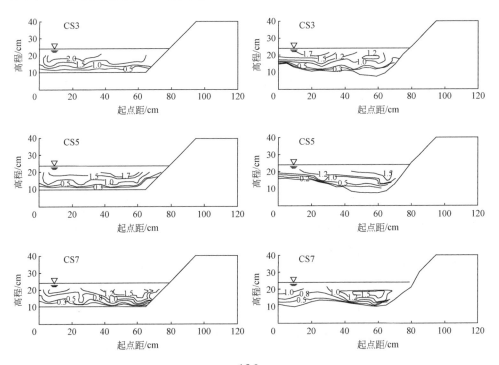

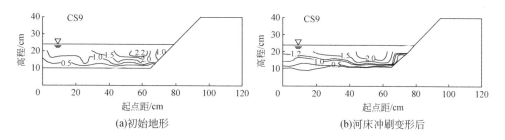

(a)初始地形   (b)河床冲刷变形后

图 10-7　不同断面 $K/(U^2/2)$ 值

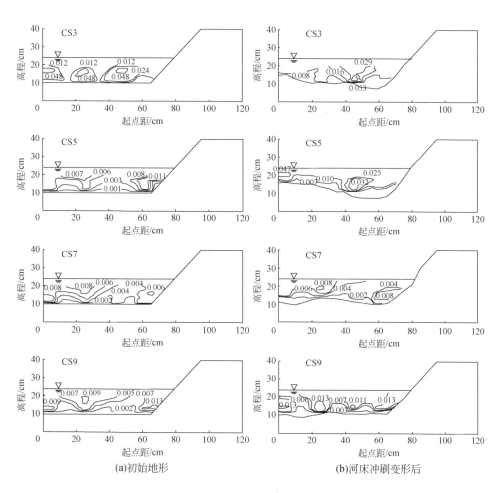

(a)初始地形   (b)河床冲刷变形后

图 10-8　不同断面 $K'/(U^2/2)$ 值

由图可见，$K/(U^2/2)$ 值和 $K'/(U^2/2)$ 值的分布规律相反，$K/(U^2/2)$ 的

最大值出现的位置与 $K'/(U^2/2)$ 的最小值出现的位置相近。无论河床变形前后，CS3 断面 $K'/(U^2/2)$ 的最大值均出现在凸岸附近，直到 CS7 断面 $K'/(U^2/2)$ 的最大值才逐渐靠近凹岸，在 CS9 之后最大值慢慢靠近水槽中心，河床变形后 $K'/(U^2/2)$ 的最大值略有减小，但近岸的 $K'/(U^2/2)$ 值略有增大。

凹岸坡脚处冲刷导致地形不规则，紊动能的最大值出现在凹岸坡脚附近，但在凸岸由于受到边壁的影响，紊动能在凸岸处也较高。河床变形后近岸处床面附近紊动能增大 2 倍左右，河床突变处紊动能也突然增大，弯道段断面 CS3、CS5 坡脚处的增大较为明显。强烈的紊动能加大了对岸坡的随机扰动作用，从而导致土体颗粒与岸坡之间的咬合松动，易于土体颗粒从岸坡脱离分解，加速岸坡的崩塌。

10.3　横　向　环　流

工况 1-1 横向环流分布如图 10-9 所示。由图可以得出，由于弯道中水流受到离心力和水压力的联合影响，二者合力形成一力矩，因此形成表流流向凹岸、底流流向凸岸的横向环流，但是，在连续的弯道水流中，横向环流会受到来自上游的弯道影响从而发展成为横断面上的复杂环流，进入顺直河段后环流作用减弱。弯道环流使表层较清的水体流向凹岸，底层含沙量较大的水流流向凸岸，造成凹岸冲刷，岸坡变陡发生崩岸；凸岸淤积，弯道凸岸不断淤积发展。

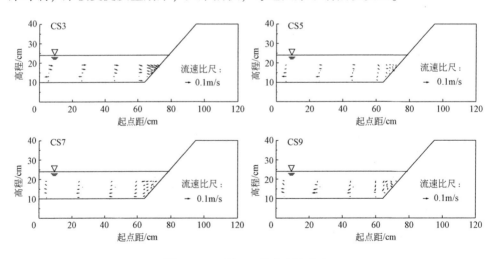

图 10-9　工况 1-1 横向环流分布

分析岸坡崩塌过程时除考虑纵向水流作用外，还应考虑作为横向输沙主要动力的横向环流作用，尤其是在水流具有明显三维特性的弯道段。以工况 11-2 为例，河床冲刷变形前后弯道出口断面 CS5 的横向流速分布如图 10-10 所示。对比河床冲刷变形前后的横向流速分布可知，冲刷后坡脚附近横向流速可增大至 8 倍左右。

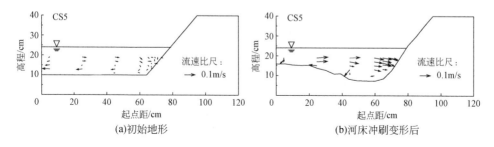

图 10-10　断面 CS5 横向流速分布

考虑环流强度及环流横向输沙率为

$$I = \frac{v(t)}{U} \tag{10-3}$$

$$q = v(t)S \tag{10-4}$$

式中，I 为环流强度；U 为断面平均流速；$v(t)$ 为横向瞬时流速；q 为环流横向输沙率；S 为含沙量。冲刷后坡脚附近环流强度增大至 11 倍左右，环流横向输沙率增大至 8 倍左右，加速了崩塌体在横向上的输移。

10.4　壁面切应力

以床面或水下岸坡水流剪切力来表示水流对泥沙的拖曳力，对水槽边壁来讲，可称为壁面切应力。

10.4.1　水槽壁面切应力分布规律

在弯道水流中，壁面切应力的分布与纵向流速的分布一致，流速最大处，剪切力也最大。受弯道环流的影响，在弯道进口断面（弯道上游），凸岸为高剪切力区，凹岸为低剪切力区；而在弯道出口断面则情况正好相反，凹岸为高剪切力区，凸岸为低剪切力区；最大剪应力发生在弯道下游的凹岸处。因此，弯道崩岸一般发生在进口处的凸岸和出口处的凹岸。最大的崩岸在弯道下游，次大的崩岸在接近弯道出口处。各级流量下均出现这两个最大值，而且它们的位置基本上不随流量而变化。

运用建立的三维水流数学模型计算 180°弯道水槽壁面切应力分布，该模型已经在弯道水槽实验实测成果验证中表现出其性能良好，精度可靠。工况1-1、工况1-2情况下壁面切应力分布如图10-11所示，由图可以看出：壁面切应力在进口顺直段内分布均匀，其值相对较小，进入弯道后，壁面切应力逐渐增大，分布也更不均匀。在弯道作用下，横断面最大壁面切应力位置发生偏移，在弯道中部，凸岸附近的壁面切应力较大，随着弯道内水流的不断调整，最大壁面切应力点逐渐偏移至凹岸，与主流的变化规律基本一致，这也说明水流流态及流速分布对壁面切应力有直接影响。水流进入出口顺直段后，岸坡附近的壁面切应力值达到最大，易于被冲刷。而后水流在下游顺直段内不断调整，流速分布趋于均匀，壁面切应力也相应降低。因此，当急弯河道出口水深保持不变，过水流量发生变化时，壁面切应力的总体变化规律基本相似，最大壁面切应力均位于弯道进口段凸岸附近及弯道出口段凹岸附近。壁面切应力随主流偏移过程中还体现出"大水趋直，小水坐弯"的特点。

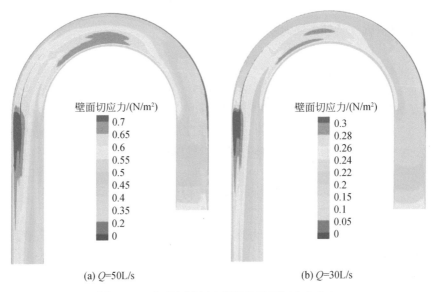

(a) Q=50L/s   (b) Q=30L/s

图 10-11   急弯河道河床及岸坡壁面切应力分布

另据 Hooke（1975）在模型中测量的凹岸边壁剪切力表明，当河底为动床时，最大边壁剪切力出现在水面以下 5cm 深的范围内（模型最大水深 25cm），再向下受河床表面沙波的影响，其变化很不规则。而当河底为定床时，最大边壁剪切力在更深处出现。

10.4.2   崩塌体附近水流剪切力变化

图 10-12 为第三级流量 Q=32L/s 作用条件下，无崩塌体、增设崩塌体 1 及增

设崩塌体 3 三种情况时水流剪切力分别计算成果。无崩塌体时较大剪切力区由弯道进口段靠近凸岸逐渐趋向顶冲点以下凹岸一侧。增设崩塌体后，弯道进口段凸岸一侧及顶冲点以下凹岸一侧的较大剪切力区位置均有所下移；崩塌体临水面周围紊动强烈，其临水面尤其上下游端附近易形成较大剪切力区，是其发生水力分解输移的主要区域，并增加了该区域河床的局部输沙能力；但其临坡面上下游端附近剪切力较无崩塌体时减小，该区域岸坡冲刷崩塌程度相应减小。崩塌体体积越大（如崩塌体 3），周围水流紊动越强烈，对剪切力区特征的改变也越明显。

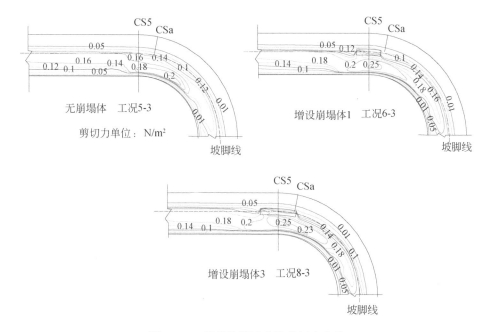

图 10-12　崩塌体附近水流剪切力变化

　　总之，岸坡崩塌与近岸流速、壁面切应力、动能及紊动能密切相关。随着近岸坡脚处河床的冲刷变形，坡脚处的瞬时流速、动能和紊动能增大，$u(t)$、$v(t)$、$w(t)$ 紊动幅度均比河床变形前大，水流脉动强烈。一方面河床冲刷及岸坡崩塌导致过水断面面积增大使河床变形后断面平均流速有所降低；另一方面由于岸坡冲刷后退、坡脚淘刷，近岸流速有所增大，为二次崩塌创造了条件。

　　崩塌体临近水面区域紊动强烈，其临水面尤其上下游端附近易形成较大剪切力区，是其发生水力分解输移的主要区域。较大的剪切力增加了该区域河床的局部输沙能力。

第 11 章　水动力作用下岸坡稳定性与崩塌体输移特性

11.1　水动力作用下河岸稳定性

11.1.1　力学分析

当水流的剪切力大于河岸土体的抗剪力时，河岸边坡上水面以下的表层土体被淘刷带走，河岸坡度变陡，稳定性降低；稳定性降低到一定程度后，河岸便会发生滑动或崩塌。非黏性土组成的河岸，其岸坡上的泥沙颗粒，主要受到水流作用于岸壁的推力、上举力及有效重力的作用（图 11-1），x 轴沿水流方向，y 轴垂直于坡面，z 轴沿坡面垂直于 x 轴和 y 轴。F_L 为上举力，F_D 为拖曳力，α 为动水中的临界岸坡，β 为摩擦力 F_f 及 z 轴的夹角，W 为有效重力，N 为岸坡对泥沙颗粒的支撑力。若处于弯曲河道，还受到弯道横向环流的离心力作用（图 11-2），P 为离心力引起的附加压力，θ 为动水中的凹岸临界岸坡。非黏性土以单个颗粒的运动形式起动，河岸崩塌通常表现为单个颗粒的崩塌或移动，或者沿略微弯曲的浅层滑动面发生剪切破坏。黏性土组成的河岸，其岸坡上的土体，起动时除了受到上述力作用以外，还受到颗粒间黏结力的作用（图 11-3），C 为黏土颗粒间的黏结力。当土体被水流冲动时，以多颗粒成片或成团的块体形态起动。黏性河岸的土体崩塌一般表现为大块扰动土体沿弧形破坏面滑入河槽，破坏面较深，如图 11-4 所示，图中 T_i、N_i 分别为条分法中第 i 土条受到的抗滑力和支持力；由于水下岸坡滑塌常常导致水上岸坡顶部形成悬臂，其受力如图 11-5 所示，图中 σ_t、σ_c 分别为土体的抗拉及抗压强度，其崩塌模式一般为绕轴破坏。

理论分析及实验成果均表明，黏性或非黏性组成的岸坡崩塌最剧烈的位置均在弯道出口附近。由于土体力学性质的不同，非黏性和黏性岸坡崩塌的机制也不同。随着深度的增加，非黏性岸坡的剪切强度比剪切力增加得快，所以崩塌更容易发生在水面附近较浅的地方。而在黏性岸坡中随着深度的增加，剪切力比剪切强度增加得快，所以崩塌更倾向于在坡脚比较深的地方。

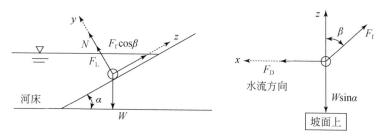

图 11-1　顺直段动水中岸坡上的散体泥沙颗粒受力图

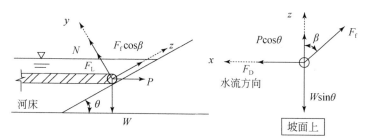

图 11-2　弯曲段凹岸动水中岸坡上的散体泥沙颗粒受力图

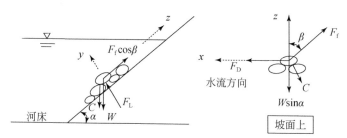

图 11-3　顺直段动水中岸坡上的黏土颗粒团受力图

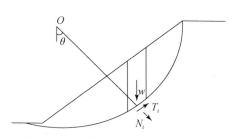

图 11-4　黏性岸坡失稳时受力分析

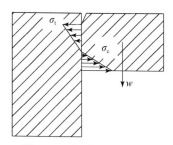

图 11-5　悬臂土块受力图

11.1.2 塌岸淤床水力作用机理分析

水流对岸坡坡脚的冲刷，是导致塌岸的重要原因。水流的顶冲淘刷作用、紊动输沙作用等直接或间接地导致塌岸的发生。例如，余文畴和卢金友（2005）根据动量方程建立水流对河岸的动力作用模型，得到水流对河岸的作用力 R 在宏观上与流量 Q、水的密度 ρ、流速 v 和水流转折角 β 有关，存在如下关系：

$$R = 2\rho Q v \sin\frac{\beta}{2} \tag{11-1}$$

式（11-1）表明，河道尺度或水体的质量越大，水力作用的惯性越大；流速越大，水力冲刷作用越大；河道形态变化越大，特别是在较短河段内转折角越大，水流对河岸的顶冲作用越强。当然，这些因素如何通过水沙输移导致崩岸的机理十分复杂。

（1）纵向水流作用机理

20 世纪 60 年代，长江科学院根据下荆江来家铺弯道 1961~1962 年 8 个时段的实测崩岸总量与相应时段内的 Q^2T 关系图 [图 11-6（a）]，可以看出，正在发展中的河湾，各时段崩岸体积总量随流量历时 Q^2T 的增大而增大。同样，根据水槽实验成果（黏性岸坡组成）建立岸坡崩塌、河床冲刷总量与 Q^2T 关系 [图 11-6（b）]，可以看出实验结果所反映的二者关系吻合下荆江实测情况。

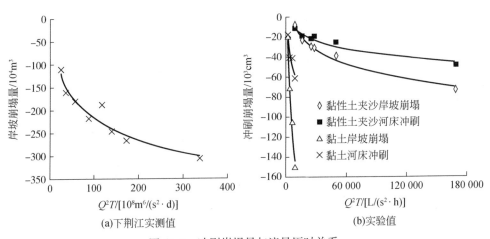

图 11-6　冲刷崩塌量与流量历时关系

（2）次生流作用机理

除纵向水流起着主要的冲刷输移作用外，次生流的作用也不可忽略。如在弯道横向环流作用下，表层较清的水体流向凹岸，使凹岸受到冲刷，从凹岸转向河底的水流，随螺旋流底流方向挟带泥沙到偏下游的凸岸落淤。弯道横向环流一方面导致凹岸严重冲刷使其坡脚变陡继而发生塌岸；另一方面通过输沙作用，将暂时堆积在凹岸坡脚的泥沙带往下游凸岸，为凹岸二次崩塌创造了条件。

1）岸坡崩退模式、速度及稳定后的形态与水流的流速分布特别是近岸水流的流速分布关系密切，由于弯道水流的顶冲作用，岸坡崩塌及崩塌体与河床发生掺混最剧烈的位置均在弯道出口附近；岸坡崩塌土体在河床上的输移范围及程度，关系到岸坡的二次崩塌，以及河床的冲淤变形，而后者的改变又会反过来影响岸坡的稳定。

2）土体黏性越大，最大边壁剪切力出现在越深处，因此，非黏性岸坡崩塌更容易发生在水面附近较浅的地方，而黏性岸坡崩塌更倾向于在坡脚比较深的地方。

3）正在发展中的河湾，各时段崩岸体积总量随流量历时 Q^2T 的增大而增大。

4）由于黏性土起动流速较大，在大于起动流速的水力条件作用下，岸坡及河床都处于冲刷状态或仅在弯道出口以下河床有微淤状态出现。非黏性土组成的塌岸淤床规律有别于黏性土，近岸流速及河床可动程度越大，岸坡总冲刷崩塌量及其在河床上的总淤积量也越大，但河床累计淤积率却越小。

11.2 崩塌体输移特性

11.2.1 现象描述

水流冲刷过程中岸坡破坏是水流淘刷岸坡坡脚、岸坡崩塌淤积坡脚并在河床上输移的交互作用反复循环过程。在水流顶冲且崩岸容易发生的弯顶偏下游附近增设崩塌体后，上述塌岸淤床过程和规律基本不变，但速度和程度均有所减缓。实验结果表明，因受弯道水流顶冲作用，崩塌体自上游至下游临水面发生侵蚀输移，其上、下游端临水面受到弯道水流顶冲或紊动作用最为强烈，侵蚀程度也最为剧烈。黏性土（崩塌体 2、崩塌体 3）的起动不同于沙土（崩塌体 1），一般呈小块冲起一片一片地剥落，即由于颗粒间存在黏结力而有较好的整体性，黏性土起动破坏时呈块状或片状。崩塌体 1 因黏粒含量少在水下易水蚀崩塌成细颗粒黏性泥浆包围粗颗粒泥沙的形态，细颗粒泥沙相对容易起动和输移，以小片状或雾状的方式进入运动，稍后粗颗粒泥沙以单个或成群的方式起动。剥落的泥沙向下游输移，从坡脚位置延伸到凸岸的一侧呈扇形落淤分布（图 11-7）。残留部分临水面继续受到冲刷，表面泥沙起动剥落输移。另外，随着水流动力作用的增大，原有非黏性岸坡也同时发生侵蚀崩塌，崩塌物堆积在残留部分临岸坡一侧及上游端，或掩盖或跃过残留崩塌体而向水槽中央或凸岸一侧输移。因此，在动水作用下原有岸坡坡度变得平缓，岸坡崩塌及稳定后的形态与水流的流速分布特别是近岸水流的流速分布关系密切，流速越大岸坡越趋平缓；主流离岸坡越近，岸坡越容易崩塌失稳；因崩塌体临水面较陡，从平面上看崩塌体附近的岸坡形成一个"缺口"，貌似崩塌体阻挡了凹岸泥沙向凸岸输移。

图 11-7　崩塌体水力输移及河床冲淤交互作用

　　不同崩塌体情况在第三级流量 $Q = 32L/s$ 作用后，选取断面 CS5 地形对比分析如图 11-8 所示。由图可见，无崩塌体（工况 5-3）时，断面岸坡附近冲刷崩塌程度较有崩塌体时大，说明崩塌体的存在对其附近岸坡崩塌有一定的抑制作用，崩塌体黏性越大、体积越大，这种抑制作用越显著。

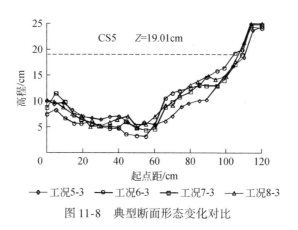

图 11-8　典型断面形态变化对比

11.2.2　崩塌体输移特性

以水槽弯顶为纵向起始断面、水下初始断面坡脚为岸坡及河床分界点，统计各组实验在第三级流量 $Q=32\text{L/s}$ 作用后累计岸坡冲刷崩塌量（LATL）及累计河床淤积量（LHYL）如图 11-9 所示，图 11-9 中实心图标表示累计河床淤积量（LHYL），空心图标表示累计岸坡冲刷崩塌量（LATL）。将各断面附近累计河床淤积量与累计岸坡冲刷崩塌量比值称为累计淤积率，上述实验工况下河床累计淤积率对比如图 11-10 所示。增设崩塌体后，因崩塌体临水面水力作用增强，临坡面水力作用减弱，其下游岸坡冲刷崩塌量和河床淤积量均比无崩塌体相应值小，进一步说明崩塌体的存在抑制了塌岸淤床程度。另由图 11-10 可见，增设崩塌体

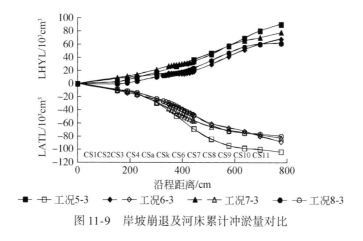

图 11-9　岸坡崩退及河床累计冲淤量对比

后累计淤积率曲线和无崩塌体情况相比较，在断面 CSa 处开始有明显减小的趋势，又说明了崩塌体减小河床淤积的程度要比减小岸坡崩塌的程度大。累计淤积率数值范围为 0~99%。

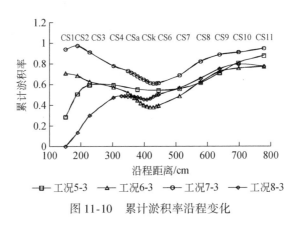

图 11-10　累计淤积率沿程变化

　　实验中观察到，增设的崩塌体经水力侵蚀分解及现状非黏性岸坡表面的一部分细颗粒泥沙以悬移质的形式随螺旋水流运动到凸岸或直接被带往下游，另一部分较粗颗粒的泥沙或黏土小块体以沙波的形式斜向下游凸岸推移并与河床发生掺混及交换，剩余粗颗粒泥沙或残留崩塌体继续堆积在河床近凹岸坡脚处。沿断面自左岸边至右岸坡脚挖槽约 10cm 宽，透明网格板紧贴挖槽面量测各层厚度，以白矾石、黏土、河沙的颜色和粒径区分河床泥沙、崩塌体及现状非黏性岸坡冲刷崩塌的泥沙等各部分在河床上输移、混掺范围和厚度（图 11-11）。不同崩塌体在第三级流量 $Q=32L/s$ 作用后，根据观测结果分别绘制典型断面塌岸淤床变化情况如图 11-12 所示。在横向输沙强度较大的地方（如断面 CS5、CSg），岸坡冲刷崩塌与河床发生掺混的程度也较大；无增设崩塌体（工况 5-3）情况下岸坡冲刷崩退及河床淤积程度均较增设崩塌体（工况 6-3、工况 7-3）情况强；与各工况崩塌体初始形状相比，实验完成后崩塌体断面面积均有所减小，表示在实验过程中，崩塌体沿程均受到不同程度的冲刷起动；各断面残留崩塌体占初始崩塌体断面面积的百分比在 20%~60%；从断面面积上看，相同的水力过程作用后，黏性较强的崩塌体 2（工况 7-3）残留面积较大，岸坡冲刷崩塌变形及河床淤积量也相对较小，说明崩塌体的黏性越大，对塌岸淤床的抑制作用也越大。

　　综上所述，崩塌体水力输移与塌岸淤床交互影响以二元结构河岸崩塌模式为背景，研究凹岸坡脚处不同形状不同材料崩塌体在水力作用下输移过程及其对岸坡稳定性与河床冲淤的交互影响。

图 11-11　挖槽取样研究塌岸淤床交互作用

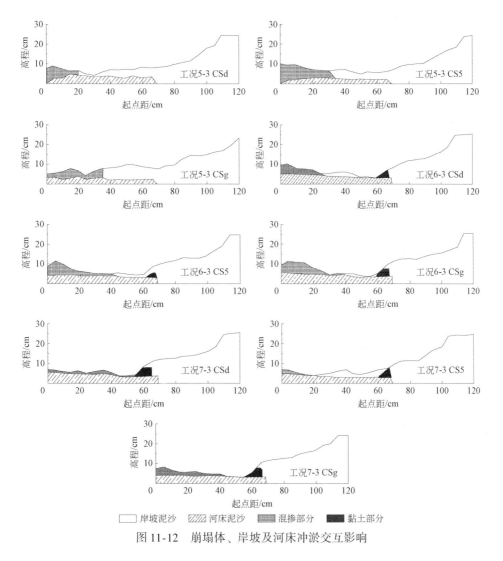

图 11-12　崩塌体、岸坡及河床冲淤交互影响

　　实验结果表明：水流冲刷过程中岸坡破坏是水流淘刷岸坡坡脚、岸坡崩塌淤积坡脚并在河床上输移的交互作用反复循环过程；岸坡崩塌及稳定后的形态与水流的流速分布特别是近岸水流的流速分布关系密切，流速越大岸坡越趋平缓；主流离岸坡越近，岸坡越容易崩塌失稳；弯顶附近增设崩塌体后，上述过程和规律基本不变。崩塌体临水面尤其上下游端附近易形成较大剪切力区，是其发生水力分解输移的主要区域，并增加了该区域河床的局部输沙能力；但其临坡面上下游端附近剪切力较无崩塌体时减小，该区域岸坡冲刷崩塌程度相应减小。因此，崩塌体的存在虽不能制止崩岸的发生但对其附近岸坡崩塌及河床淤积有一定的抑制作用，崩塌体的黏性越大、体积越大，这种抑制作用越显著。相同实验条件下，崩塌体抑制附近河床淤积的程度较抑制岸坡崩塌的程度大。

第 12 章 塌岸与河床冲淤交互作用机理

12.1 非黏性岸坡塌岸河段

以组次 2~4 为基础研究非黏性岸坡崩塌与河床冲淤的交互影响。

12.1.1 塌岸淤床现象描述

以低水位条件下可动岸坡可动河床边界为例分析岸坡冲刷崩退模式。当流量较小时，水流对岸坡的淘刷作用很小，形成的冲刷凹槽浅，水面上的岸坡基本稳定，几乎看不到崩塌现象。从水下坡面上淘刷的泥沙在重力和纵向水流作用下，沿坡面作斜向下游的滑落，部分堆积在坡脚，水下坡面变缓。随着水流流速增大，水流剪切作用增强，对水面附近岸坡的掏蚀速度加快，形成较深的冲刷凹槽，岸坡变陡甚至部分悬空，继而发生崩塌，如图 12-1 所示。崩塌体部分堆积在坡脚，水下坡面变缓并得以暂时稳定。但由于近岸水流及弯道环流的存在，对坡脚造成持续的淘刷，当岸坡再次变高变陡时，超过了其稳定坡角时，上部的岸坡又会继续崩塌，如此循环反复，岸坡在水流作用下节节后退。崩塌体在弯道段同床面上泥沙一起受纵向水流及弯道环流合成的螺旋流作用，发生横向输沙，沙波不断向凸岸延伸，在凸岸出现一定程度的淤积。在沙波延伸到凸岸的过程中，两道沙波的波峰与波谷床面之间，会产生横向环流，来自岸坡的泥沙与河床泥沙发生混掺，以工况 2-3 为例，塌岸淤床情况如图 12-2 所示。实验中可以观察到完整

图 12-1 冲刷岸坡导致上部土体失稳破坏

图 12-2 河床及岸坡的冲淤崩塌情况

的坡脚冲刷、岸坡失稳崩塌、崩塌体冲刷破碎并在河床上输移的交互作用的反复循环过程。

12.1.2 塌岸的水力因子的影响

水流对岸坡坡脚的冲刷,是导致塌岸的重要原因。水流的顶冲淘刷作用、紊动输沙作用等直接或间接地导致塌岸的发生。

(1) 水流流速

岸坡的崩退模式、速度及稳定后的形态与水流特别是近岸水流的冲刷作用密切相关。以工况 2-3 低水位为例,位于弯道段的断面 CS3 和位于顺直段的 CS9,实验开始后 0.5h 流速分布如图 12-3 所示,图中 Q 表示流量,Z 表示水位。低水位条件,各流量级下实验开始后 2.5h 岸坡崩退及河床冲淤变形如图 12-4 所示。流速较小时,岸坡上的细小颗粒开始滑落,岸线后退不明显;随着流速逐渐增大,岸坡上近坡脚流速较大的区域大量泥沙开始起动,该区域冲刷明显,随之坡顶附近泥沙失稳崩塌,岸线后退明显,坡顶滑落的泥沙一部分堆积在坡角,另一部分被水流带往下游。另外,由于弯道环流的横向输沙作用,弯曲段凸岸发生淤积。例如,当上游来流量大于 31.84L/s 时,断面 CS3 凹岸岸坡冲刷崩塌明显,凸岸有淤积发生。

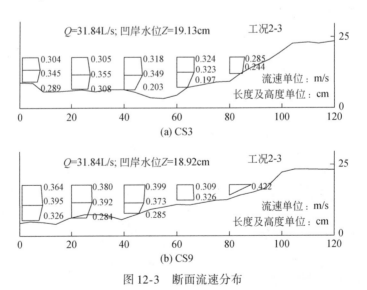

图 12-3　断面流速分布

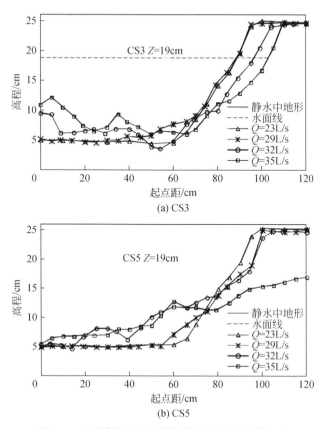

(a) CS3

(b) CS5

图 12-4 不同流量级下岸坡崩退及河床冲淤变形

主流的近岸程度，是影响塌岸的重要因素，主流离岸坡越近，岸坡越容易崩塌失稳。以工况 2-3 为例，动水实验开始时主流动力轴线如图 12-5 所示，主流线根据所观测的断面流速分布及水深选取各断面单宽流量最大的点连接而成。该工况下，岸滩及河床变形基本稳定后不同位置断面形态变化如图 12-6 所示。可以发现，发生岸坡崩塌最严重的断面依次是 CS5、CS7、CS3 与 CS9，与主流距离岸坡距离由近渐远具有高度的一致性。

另外，在岸坡边壁处，流速梯度和剪应力强度较大，加上壁面糙度干扰的影响，在这些地方很容易产生小尺度涡体并有利于其发展。小尺度涡体对岸坡的随机扰动作用可能会导致泥沙颗粒与岸坡之间的咬合松动，使泥沙颗粒易于从岸坡剥离。实验中可以大量观察到，当岸坡土体失稳崩塌堆积在河道中时，岸坡出现不连续段，在崩塌体下游会形成漩涡，不停旋转的涡体会增加对崩落体的扰动和剪切，加速土体的破碎和输移。

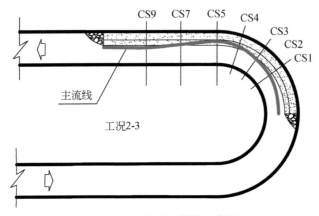

图 12-5　主流动力轴线示意图

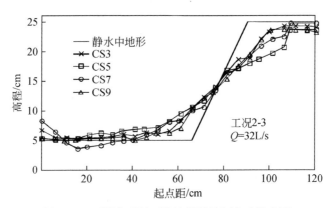

图 12-6　不同典型断面岸坡崩退及河床冲淤变形

（2）水位

以 CS3、CS5 为例，岸滩及河床变形基本稳定后，高、低水位情况下断面形态变化情况如图 12-7 所示。实验观察到，当水位较高时，岸坡更容易发生渐进性侵蚀崩塌；当水位较低时，随着水面以下岸坡的侵蚀淘刷，水面以上岸坡失稳，发生突变性崩塌，如条形崩塌，瞬间崩塌规模相对较大。相同水流流速情况下，高水位下稳定后的岸坡坡度较低水位下稳定后的岸坡坡度较缓。该成果与理论分析结果"河流冲刷对堤岸渗流和变形产生的影响随着河水水位的上升而加剧，河水水位越高，冲刷作用使堤岸稳定性降低的幅度越大"一致。

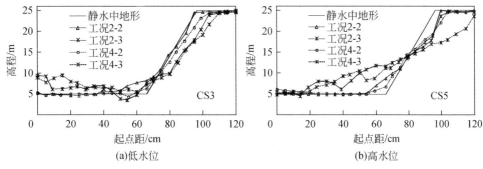

图 12-7 不同水位下岸坡崩退及河床冲淤变形

12.1.3 塌岸河床淤积率

以水槽弯顶（圆心角90°）为纵向起始断面、水下初始断面坡脚为岸坡及河床分界点，统计岸坡冲刷崩塌及河床冲淤累计量。典型实验工况下累计岸坡冲刷崩塌量及河床冲淤量如图12-8所示。将各断面附近累计河床淤积量与累计岸坡冲刷崩塌量比值称为累计淤积率；两断面之间河床淤积量与岸坡冲刷崩塌量比值称为当地淤积率。典型实验工况下河床累计淤积率对比如图12-9所示；当地淤积率对比如图12-10所示。分析实验结果可知：无论河床是否可动，岸坡在动水中均表现为冲刷坍塌，其中弯顶偏下段（断面CS3～CS9）冲刷较强；河床可动情况下（工况2-3）岸坡总冲刷崩塌量大于河床固定情况（工况3-3）；相应地，

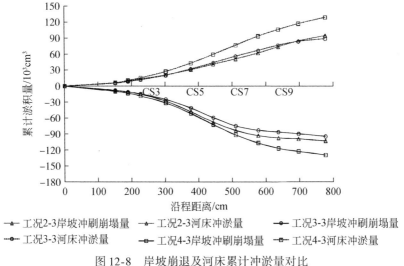

图 12-8 岸坡崩退及河床累计冲淤量对比

因岸坡冲刷崩塌的泥沙落淤在坡脚附近河床或被水流携带至下游河床，河床表现为淤积，河床可动情况下河床总淤积量大于河床固定的情况，但河床累计淤积率小于河床固定的情况。在弯顶偏下游部分（断面 CS1、CS2）及顺直过渡段的偏下游部分（断面 CS9、CS10），当地河床淤积率有大于 1 的情况出现，说明上游岸坡冲刷崩塌下来的泥沙有一部分被携带至此地落淤。另外，高水位下岸坡总冲刷崩塌量、河床总淤积量及河床累计淤积率均大于低水位情况。不同流量级下水槽水流结构及近岸流速分布不同，对不同断面的岸坡冲刷崩塌影响程度也不一样，由图 12-9 可见，无论水位及河床条件如何，流量越大，实验河段总累计淤积率越大的趋势是一致的，累计淤积率数值范围为 40% ~99%。

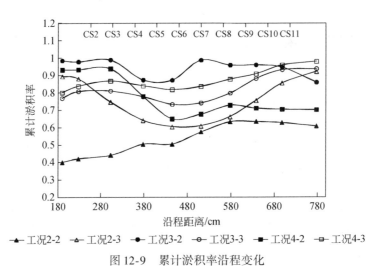

图 12-9　累计淤积率沿程变化

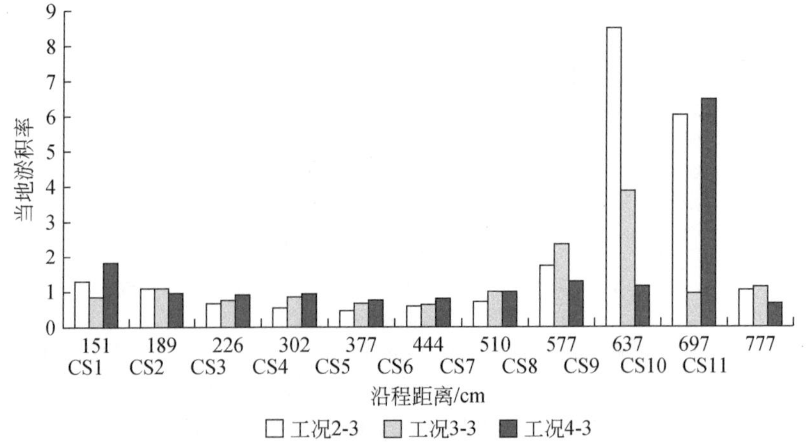

图 12-10　当地淤积率沿程变化

12.1.4 塌岸与河床冲淤交互作用机理

岸坡崩塌土体在河床上的输移范围及程度，关系到岸坡的二次崩塌，以及河床的冲淤变形，而后者的改变又会反过来影响岸坡的稳定。当岸坡崩塌以后，崩岸土体沿岸坡作斜向下游的运动，一部分淤积在坡脚附近，另一部分随水流带往下游。淤积在坡脚的泥沙容易形成小尺度的沙波，当沙波波峰线与水流方向不再垂直时，沿波峰线方向就存在一个水流分速，使泥沙在沿纵向主流方向移动时，还发生横向运动。在弯道段，由于崩塌体还会受弯道环流作用，也会发生横向输移，不同的是一部分细颗粒的泥沙会以悬移质的形式直接随水流运动到凸岸，而粗颗粒的泥沙依旧以沙波的方式向凸岸推移。顺直段与弯道段相比，泥沙横向运动的速度和程度要小很多。

实验结束后，将水槽中的水体慢慢放干，挖槽后用透明网格板量测河床泥沙冲淤、岸坡上冲刷崩塌的泥沙在河床上的输移、混掺范围及厚度（图 12-11）。高、低水位情况下代表断面测量结果如图 12-12 所示。岸坡崩塌体在河床上的输移与交互模式可描述如下，岸坡发生崩塌后，崩塌体沿岸坡滑落，覆盖在坡脚的河床上并深入河床一定距离。最初崩岸土体在坡脚附近的淤积是连续的，交界面为近似平行于水流的直线，在顺水流方向，几乎未发生泥沙交互。当沙波逐渐发展延伸，两相邻沙波之间出露原始河床。在纵向水流作用下，沙波的背流面产生横向环流，位于波谷位置的床沙会被水流拖拽，沿坡面向上运动，淤积在背流面。随着迎流面冲刷背流面淤积，沙波不断地向前运动，在此过程中岸坡崩塌泥沙与河床泥沙完成混掺。横向输沙强度较大的地方发生混掺程度也较大，如位于弯顶及下游的断面（CS4、CS5）混掺强度要高于位于顺直段的断面（CS9）。高水位下（工况 4-3）弯道段断面混掺强度大于低水位（工况

图 12-11　崩岸土体与河床泥沙交互作用

2-3）情况；而高水位下顺直段断面混掺强度小于低水位情况。另外，靠近岸坡的一段河床并没有与崩塌土体发生混掺，与原始地形对比，只是厚度有所降低，顶部覆盖了一层崩岸土体。进一步说明了水流冲刷过程中岸坡破坏是水流淘刷岸坡坡脚、岸坡崩塌及崩塌体淤积坡脚并在河床上输移的交互作用反复循环过程。

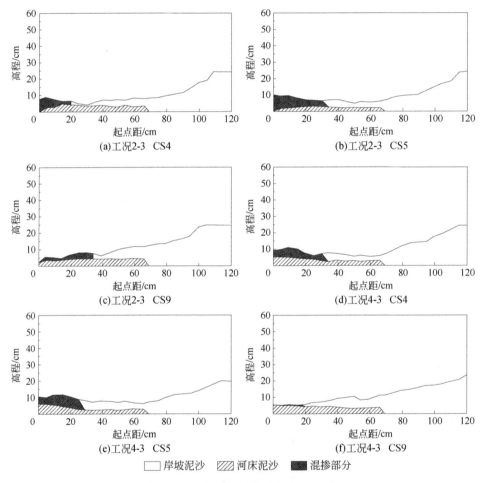

图 12-12　岸坡与河床冲淤交互情况

　　综上所述，非黏性岸坡崩塌与河床冲淤的交互影响实验研究应考虑在不同水位条件、不同河床边界条件下，水力冲刷过程中非黏性岸坡冲刷崩塌与河床冲淤交互作用过程及其影响因素，进一步分析塌岸淤床泥沙贡献率。

　　实验结果表明：岸坡的崩退模式、速度及稳定后的形态与水流的流速分布特别是近岸水流的流速分布关系密切，流速越大岸坡越趋平缓；主流离岸坡越近，岸坡越容易崩塌失稳；相同水流流速情况下，高水位下稳定后的岸坡坡度较低水位下稳定后的岸坡坡度较缓；另外，水流紊动及次生流对岸坡崩塌发生影响也很大。河床可动程度越大，岸坡总冲刷崩塌量及其在河床上的总淤积量也越大，但河床累计淤积率（实验水槽段河床累计淤积量与岸坡累计冲刷崩退量比值）却越小；水位越高，岸坡总冲刷崩塌量、河床总淤积量及河床累计淤积率均越大。在横向输沙强度较大的地方，岸坡冲刷崩塌体与河床发生掺混的程度也越大。

12.2　黏性岸坡塌岸河段

以组次 9～10 实验为基础研究水力冲刷过程中均质土岸坡冲刷崩塌输移与河床冲淤过程及其影响因素。

12.2.1　塌岸淤床现象描述

当实验土样黏性较大时，河床与河岸土体均难以起动，流量较小时（如流量 $Q=60\text{L/s}$，断面平均流速为 0.52～0.55m/s），岸坡上只有少量的土块剥落，后顺水流向下游坡脚处滚动。随着流量的增加（如流量 $Q=80\text{L/s}$，断面平均流速为 0.71～0.75m/s），流速增大，岸坡土体有较大范围的起动、剥落及向下游滚动。当流量继续增大（流量 $Q=106\text{L/s}$，断面平均流速为 0.90～0.96m/s），河床尤其是凹岸近坡脚处沿程从上至下出现了不同程度的冲刷，且以弯顶偏下游区域凹岸坡脚处冲刷最为剧烈，坡面内凹，冲刷面不平整，甚至形成陡坡或出现悬空；岸坡上部土体失稳，进而崩塌、滑落至坡脚，岸坡崩塌最剧烈的位置也发生在弯道出口附近［图 12-13（a）］。岸坡崩塌模式在顺直段为典型的条崩，弯道段水流顶冲且岸坡土体薄弱处有窝崩现象发生。从凹岸坡脚冲刷起及岸坡剥落崩塌的土体经水力分解后大部分都以悬移质形式随水流带至下游，或随弯道螺旋流底层水流以推移质形式输移至凸岸，在弯道出口下游凸岸附近的河床有淤积现象；极少数较大团状的岸坡崩塌土体，暂时停留在坡脚，随后同样被水流分解、输移至凸岸或带至下游。

材料六虽黏性相对较小，但颗粒间也存在黏结力，其岸坡冲刷崩塌及塌岸淤床过程基本同材料五，但岸坡崩塌程度、崩塌体在坡脚堆积程度均相对较大［图 12-13（b）］。

(a)工况9-5　　　　　　　　　　　　　　　(b)工况10-4

图 12-13　岸坡冲刷崩塌及河床冲淤

12.2.2　塌岸淤床贡献率

由于黏性土起动流速较大，在大于起动流速的水力条件作用下，岸坡及河床都处于冲刷状态或仅在弯道出口以下河床有微淤状态出现。非黏性土组成的塌岸淤床规律有别于黏性土，近岸流速及河床可动程度越大，岸坡总冲刷崩塌量及其在河床上的总淤积量也越大，但河床累计淤积率却越小。定义塌岸淤床贡献率为河床累计淤积总量与岸坡累计冲刷总量的比值，则典型工况塌岸淤床贡献率见表12-1。当河床及岸坡均为非黏性物质组成情况下，实验水槽清水冲刷情况下累计淤积率在44%~95%。

表 12-1　典型工况塌岸淤床贡献率汇总表　　　　　　（单位:%）

工况	塌岸淤床贡献率	备注
2-2	61	河床为白矾石（材料二），岸坡为天然河沙（材料一）
2-3	88	
2-4	69	
4-1	55	
4-2	44	
4-3	79	
5-3	88	河床为白矾石（材料二），岸坡为天然河沙（材料一），含崩塌体
6-3	78	
7-3	95	
8-3	78	

12.2.3　岸坡及河床泥沙颗粒级配分析

以材料六实验结果为例,为进一步分析塌岸淤床输移交换情况,在河床上选取 D2-1 ~ D2-10、弯道出口断面 CS5 取其岸坡上、中、下部等取样点,位置如图 12-14 所示。凸岸河床级配沿程变化如图 12-15(a)所示,断面 CS5 岸坡级配变化如图 12-15(b)所示。各取样点土体中值粒径见表 12-2。凹岸坡脚处(如 D2-1、D2-4、D2-5)中值粒径与初始值基本相同,凸岸淤积体(如 D2-2、D2-3、D2-6 ~ D2-8)中值粒径较初始值粗,在 0.06 ~ 0.068mm,带往下游出口(如 D2-9、D2-10)的土体颗粒中值粒径较初始值细。说明水流冲刷凹岸坡脚以块状或片状掀起的土块及岸坡剥落崩塌的土体,可迅速被水流携带走,该处河床基本无混掺或水力冲刷分选,坡脚处河床组成基本无变化。土块在被水流输移的过程中同时发生破碎和分解,较粗的颗粒随弯道环流以推移质形式被输移至下游凸岸落淤,较细的颗粒大部分都随水流以悬移质形式被携带至下游出口。断面 CS5 水下岸坡中部(D2-5 中)土体粒径较上部及坡脚处粗,也进一步说明岸坡上土体被水流分解后,较细的颗粒容易直接被以悬移质形式带走。

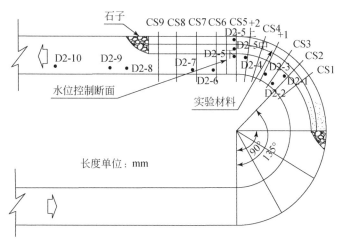

图 12-14　采样点位置示意图

表 12-2　岸坡及床面泥沙中值粒径

取样点	D2-1	D2-2	D2-3	D2-4	D2-5 上	D2-5 中	D2-5 下	D2-6	D2-7	D2-8	D2-9	D2-10
中值粒径 d_{50}/mm	0.035	0.062	0.06	0.035	0.038	0.057	0.031	0.064	0.064	0.068	0.031	0.032

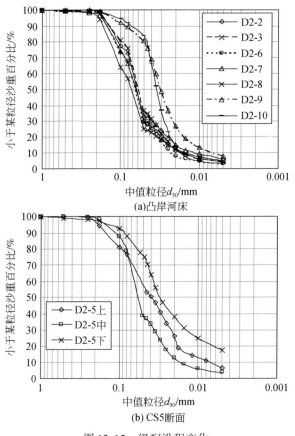

图 12-15　级配沿程变化

12.2.4　塌岸与河床冲淤交互作用机理

（1）塌岸与河床冲淤交互作用过程

实验结束后，慢慢放干水槽，在河床上挖槽后用透明网格板量测河床冲淤、岸坡上冲刷崩塌的土体在河床上的输移、混掺交换范围及厚度。与原始地形对比，靠近凹岸坡脚的河床高程有所降低，说明该处河床被冲刷，但该处河床并没有与崩塌土体发生明显混掺；崩塌体在水力作用下被分解输移至下游凸岸淤积或直接带至下游，如图 12-16 所示，位于弯道下游的断面 CS7、CS8 其凸岸淤积量较弯道出口断面 CS5 大，但同一断面内凸岸淤积量远小于凹岸岸坡崩塌量。

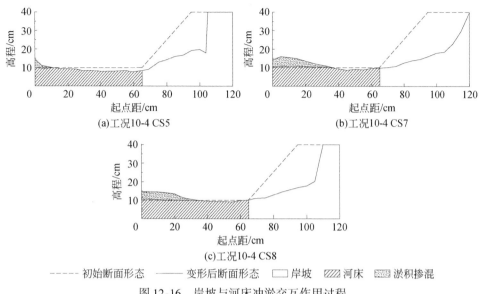

(a)工况10-4 CS5   (b)工况10-4 CS7

(c)工况10-4 CS8

----- 初始断面形态　——— 变形后断面形态　□ 岸坡　▨ 河床　▨ 淤积掺混

图 12-16　岸坡与河床冲淤交互作用过程

（2）岸坡崩退对河床冲淤响应

将各实验工况冲淤量累计值绘制如图 11-12（第 11 章）所示，图中数据负值表示冲刷及崩塌量，正值表示淤积量。由图 12-17 可知，实验所选用的均质土模型及水流条件下，岸坡及河床基本处于冲刷状态［图 12-17（a）］或在弯道出

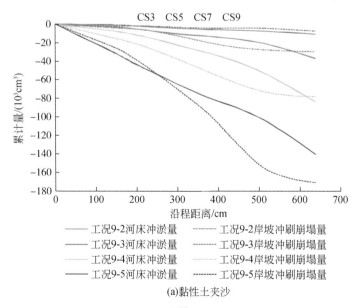

(a)黏性土夹沙

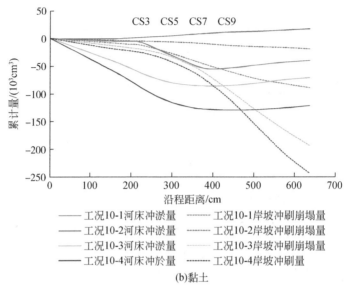

图 12-17　岸坡崩退及河床累计冲淤量对比

口断面 CS5 以下河床有微淤［图 12-17（b）］。实验材料黏性越小、流量越大、作用时间越长，河床冲刷量及岸坡崩塌量都越大，且同条件下岸坡崩塌总量大于河床冲刷总量。定义河床相对冲刷率＝河床冲刷量/岸坡冲刷崩塌量，并建立河床相对冲刷率与岸坡冲刷崩塌量相关关系如图 12-18 所示。河床相对冲刷率随岸坡冲刷崩塌量的增大而减小，本书实验条件下其范围为 0.40～0.92。

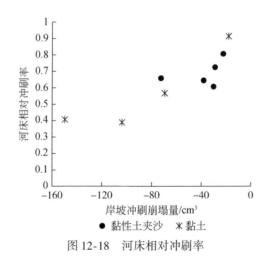

图 12-18　河床相对冲刷率

总而言之，岸坡冲刷崩退、塌岸淤床模式及其掺混程度与近岸流态及流速分布、主流贴岸程度及岸坡河床组成条件等关系密切。实验材料的黏性越小、近岸流速越大、作用时间越长，岸坡冲刷崩退及河床冲刷量都越大。同条件下岸坡崩塌总量大于河床冲刷总量。河床相对冲刷率随岸坡冲刷崩塌量的增大而减小，本书实验条件下其范围为 0.40~0.92。水流冲刷坡脚掀起的土块及岸坡剥落崩塌的土体，暂时堆积在凹岸坡脚处。崩塌体附近水流紊动剧烈，利于崩塌体的迅速输移，凹岸坡脚处除土体被冲刷掀起外基本无掺混交换，因此河床组成也基本无变化。土块在输移过程中发生破碎分解，较粗的颗粒随弯道环流以推移质形式被输移至下游凸岸落淤，较细的颗粒大部分都随水流以悬移质形式被携带至下游出口。

12.3　近岸河床组成对岸坡崩塌的影响分析

以组次 10~11 实验为基础针对不同的河床组成边界条件，研究水力冲刷作用下的岸坡崩塌与河床冲淤的交互作用，进一步分析河床组成条件对岸坡崩塌规律的影响。

12.3.1　岸坡崩塌与河床冲淤演变

因水下岸坡表面和近岸河床遭受水力冲刷，岸坡变陡，水面附近水下岸坡出现横向冲刷凹槽，水上岸坡悬空继而发生崩塌，如图 12-19 所示。崩塌体部分堆

图 12-19　水下侵蚀导致上部土体失稳破坏

积在坡脚，使得水下坡面变缓并得以暂时稳定。但由于近岸水流及横向环流对坡脚造成的持续淘刷，使岸坡再次变高变陡并超过了其稳定坡角时，上部的岸坡又会发生崩塌，如此循环反复，岸坡在水流作用下节节后退，发生岸坡崩塌最严重的断面依次是 CS5、CS7、CS3、CS9，除断面 CS9 河床及岸坡均无太大变化以外，非黏性河床情况下岸线后退较黏性河床情况明显。各工况下代表横断面岸坡崩退及河床冲淤变形如图 12-20 所示。

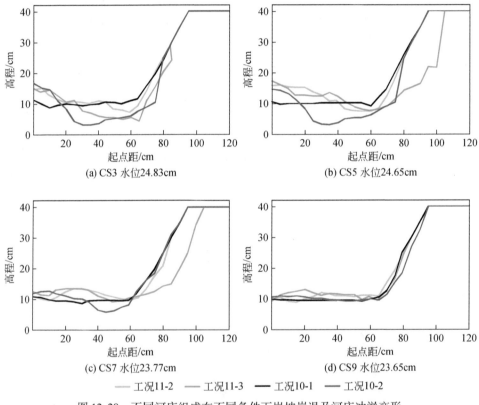

图 12-20　不同河床组成在不同条件下岸坡崩退及河床冲淤变形

以水槽弯顶（圆心角 90°处）为纵向起始断面、坡脚为岸坡及河床分界点，统计不同河床边界条件下岸坡冲刷崩塌及河床冲淤累计量，如图 12-21 所示。对于黏性河床情况，其岸坡及河床都处于冲刷状态，且河床冲刷量比岸坡冲刷量大；对于非黏性河床情况，其河床表现为凸岸淤积，岸坡表现为比黏性河床相同条件下更加剧烈的冲刷崩塌，其中弯顶偏下段（CS3～CS7）冲刷较强。

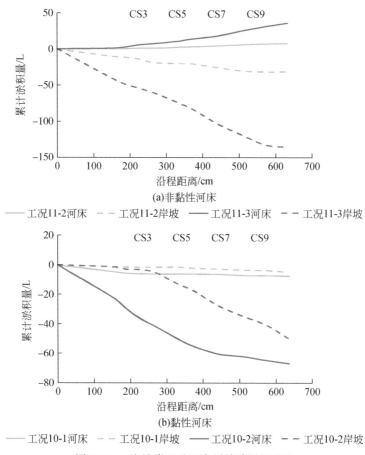

图 12-21　岸坡崩退及河床累计冲淤量对比

12.3.2　岸坡崩塌与河床冲淤强度

以侵蚀速率来反映岸坡及河床的冲刷强度，以淤积速率来反映河床的淤积强度。定义 S_n 为单位时间单位面积的第 n 断面当地侵蚀速率或淤积速率（约定侵蚀速率为正，淤积速率为负），表达式为

$$S_n = V_n / (A\Delta t) \tag{12-1}$$

式中，V_n 为第 n 断面和 $n+1$ 断面之间的岸坡（河床）冲淤量；A 为相邻两断面之间的岸坡（河床）表面积；t 为动水作用时间；Δt 为时间间隔。如图 12-22 所示，黏性河床情况下，弯道段断面 CS3~CS5 河床冲刷强度比岸坡大，顺直段断面 CS6~CS9 河床微冲，冲刷强度小于岸坡；非黏性河床情况下，岸坡冲刷强度

大于黏性河床条件下的冲刷强度，且岸坡冲刷强度为河床淤积强度的 2~4 倍，弯道出口断面 CS5 冲刷强度最大。

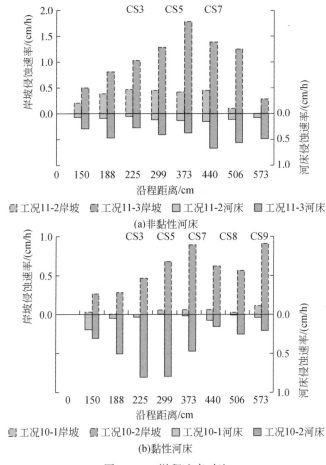

图 12-22　淤积速率对比

12.3.3　塌岸淤床交互作用程度

塌岸淤床交互作用程度可通过岸坡上冲刷崩塌的土体在河床上的横向输移量、混掺交换范围及厚度等体现。实验结束后，慢慢放干水槽，在河床上挖槽后用透明网格板观测岸坡与河床冲淤交互情况如图 12-23 所示。与原始地形对比，非黏性河床凹岸坡脚处冲刷明显。横向环流的输移作用是崩塌体与河床发生混掺交换的主要原因，横向输移强度较大的地方混掺程度也较大，如非黏性河床情况下位于弯顶的 CS5 断面混掺强度大于其他断面。黏性河床情况，在大于土体起动流速的水力条件作用下，其岸坡及河床都处于冲刷状态，岸坡崩塌体与河床物质在凸岸附近有部分的混掺。

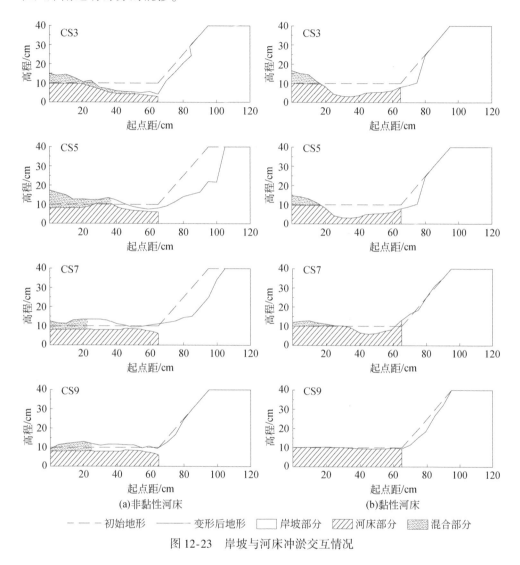

图 12-23　岸坡与河床冲淤交互情况

12.3.4　冲刷过程中河床条件对塌岸淤床的影响

如本章前文所述，非黏性河床岸坡崩退较黏性河床情况明显。这是因为非黏性近岸河床与黏性岸坡坡脚交界处床沙较易起动冲刷，水流结构重新调整，增加了凹岸坡脚处床面纵向流速、横向环流及紊动强度；紊动会导致岸坡黏土颗粒的咬合松动，使黏土颗粒易于从岸坡脱离，而纵向流速和横向环流强度的增加分别增强了水流挟沙力和横向输沙率，加速了崩塌体输移。但非黏性河床情况下河床的冲刷量小于黏性河床情况，分析其原因，一方面非黏性河床情况下岸坡的崩塌量较大，可补充河床泥沙；另一方面若水流流速大于黏性土体的起动流速时，黏性颗粒之间的黏合力导致河床成块状的冲刷，冲刷量可大于非黏性河床颗粒状的冲刷量。

不同河床边界条件相同流量级（工况10-2、工况11-3）冲刷后横断面CS5、CS7 形态对比如图12-24 所示。非黏性河床情况，根据沙莫夫泥沙起动公式得起动流速（V_0）与水深（h）和粒径（d）之间的关系为

$$V_0 = k d^{1/3} h^{1/6} \tag{12-2}$$

式中，k 为常系数，近岸河床的床沙粒径可以考虑为保持不变，则起动流速与水深的关系可简写为 V_0 正比于 $h^{1/6}$。当从岸边至深泓的横向流速分布满足 V 正比于 $b^{1/6}$ 时（V 为垂线平均流速，b 为离水边的距离），则 h 和 b 成正比，近岸河床横断面是等坡度的。当深泓处最大垂线平均流速不变的情况下，近岸河床冲刷导致近岸水流集中，当横向流速分布满足 b 的指数小于 1/6 时，近岸河床横断面形态将不是直线而是呈向上凹的抛物线形，即自岸边至深泓部位其岸坡坡度呈现由陡逐渐转缓的特性。而对于黏性河床：由于黏性颗粒之间存在黏聚力，相较于非黏性河床渐变的冲刷，黏性河床的初始冲刷发生在主流线区，且具有突变性。当河床主流线区冲刷后形成深槽，水流集中并进一步加强了此处的冲刷。因此，水力冲刷后，非黏性河床组成的河道滩槽高差相对较小，河道横断面相对宽浅。

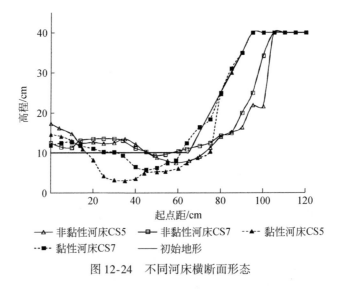

图 12-24　不同河床横断面形态

综上所述，可得出如下认识：

1）黏性河床情况，岸坡及河床都处于冲刷状态，对于弯道段断面（CS3~CS5）来说，河床主流区冲刷强度较岸坡大，而在顺直段断面（CS6~CS9）河床微冲，河床冲刷强度小于岸坡；非黏性河床情况，岸坡表现为冲刷崩塌，因崩塌量较大，河床凹冲凸淤且整体表现为淤积，岸坡崩塌强度为河床淤积强度的2~4倍，岸坡崩塌体在河床上的输移与交换掺混明显。非黏性河床条件下岸坡崩塌比黏性河床条件下更加剧烈，岸线后退更加明显。水力冲刷后，非黏性河床组成的河道滩槽高差相对较小，河道横断面相对宽浅。

2）河床冲刷导致水流局部集中，并改变了断面水流结构特点。非黏性河床冲刷易集中在坡脚附近，坡脚处的纵向时均流速增大至1.3~2.3倍、紊动能增大至2倍、横向流速增大至8倍、环流强度增大至11倍，加速了岸坡崩塌。黏性河床的初始冲刷发生在主流线区，冲刷过程具有突变性。

当然，由于问题的复杂性，本书研究仅仅初步尝试从实验现象上分析黏性土河床和非黏性土河床对岸坡崩塌的影响。下一步将结合理论分析，从黏性土和非黏性土不同的起动机理、所形成的床面形态及其阻力特性、壁面切应力分布特性上展开深入研究。

第13章　塌岸河段水动力学
与泥沙输移数学模型

13.1　模型现状概述

人类在生产实践中，一方面要避免河流所造成的各种灾害，如洪水泛滥、崩岸改道、水土流失、泥沙淤积；另一方面又要对河流进行治理开发，诸如修建水库、整治航道。除此之外，在已开发的河流上，各种水利工程又造成河道萎缩、灾害加重、湿地退化等负效应，这些都与河流水沙动力过程密切相关。举例来说（中华人民共和国水利部，2009），近年来黄河上游宁夏内蒙古河段，河道多弯且淤积严重，河槽变形剧烈，严重威胁沿岸近 1800 万亩灌区及几百万人口的生命安全；自 1998 年长江特大洪水之后，受水沙条件变化荆江河段断面变化明显，表现为凹岸崩退、凸岸淤长、滩槽冲淤交替，深槽摆动幅度较大，尤其在弯道、汊道段或弯道汊道上游过渡段冲刷较大，而顺直段变化相对较小；另外，2009年 1 月 8 日，荆江河段南岸的岳阳市新沙洲河段内发生崩岸险情，其中最严重的窝崩长为 41m，崩宽为 12m，最大下挫距离为 4.3m。可以说，目前河流治理与灾害防治等活动存在较大程度的盲目性，而对于河流–河床–河岸相互作用的水沙动力过程认识不足是其产生的主要原因。

在自然界河流中，弯曲河道是最为常见的河道形态，也是岸坡侵蚀、河岸崩塌的多发地段，因此研究弯曲河道中水沙动力过程具有广泛的实践意义；从数学或者物理的角度对弯曲河道中复杂的水沙动力过程进行探索和解释，能从本质上理解这一复杂过程，使研究同时具有重要的科学意义；此外，研究成果对于自然界中类似问题的研究也具有重要的借鉴意义。

随着水沙运动理论、数值计算技术和计算机的发展，水沙数学模型已经成为定量模拟与评估河道水沙动力过程的重要手段，并在理论与实践中得到了不断发展与完善。在河流水沙动力过程中，水流是携带泥沙的根本动力条件，而泥沙通过改变河床、河岸形态反作用于水动力过程。另外，在高含沙水流中，泥沙颗粒可以直接影响水流的各种特性。可以说，水流和河床及河岸以泥沙为纽带形成了相互作用的统一体。为便于分析，河流水沙动力过程可以分解为如下三部分：基本动力过程、纵向（沿水流方向）演变过程和横向（垂直于水流方向）演变过程。基本动力过程是指水动力过程和泥沙运输过程；纵向演变过程是指水沙作用导致河床形态的演变问题，如自由沙坝（交替沙坝、辫状沙坝）、边滩（点沙坝）和深槽的形成；横向演变过程是指水沙作用导致河岸的变形问题，如河岸侵蚀、河岸崩塌的发生。

相对于泥沙输运的数值模拟，水流的数值模拟相对较为成熟。根据对河流模拟的详尽程度，有一维、二维和三维模型之分。由于二次环流的存在，弯道水流具有高度的三维结构，只有三维数学模型才能够真实地模拟这一水流过程，但高额计算量使其在实际工程应用中受到了限制。因此，目前在实际工程应用中，对水流的模拟一般采用沿水深积分的平面二维浅水方程作为控制方程，如何将二次环流对主流的影响考虑进来成为目前弯道水流模拟的关键问题。为解决这一问题，诸多学者通过各种途径求得了环流流速沿垂线的分布公式（张红武和吕昕，1993），这其实是建立了准三维的数学模型。另外，在二维水流模拟中，次级环流的影响也可以通过增大扩散系数（增大横向动量的交换），来表达对主流的影响（Duc et al.，2004）。在数值解法上，有限差分法、有限体积法等传统的数值方法最先被应用来求解二维浅水方程（Liggett and Woolhiser，1967；Zhou，1995），在水流的数值模拟逐步完善和成熟的同时，也存在不尽如人意的地方，如需要对对流项和源项做特殊处理，不易于处理复杂的边界条件及对多相流实施起来存在难度等。作为一种相对新型的数值方法，格子 Boltzmann 方法因其自身独特的优点（包括对边界条件和源项处理简单、优异的并行特性、易于编程等）近十多年来得到了迅速发展，已经成为了一种模拟流体流动的有效手段，许多学者（Salmon，1999；Zhong et al.，2001；Dellar，2002；Zhou，2002）相继应用格子 Boltzmann 方法成功地模拟了二维浅水流，随后多块网格技术和进出口边界问题也得到了发展（Liu et al.，2009，2011）。因此，本书拟将格子 Boltzmann 方法作为探讨弯道水流水动力特点的主要研究方法。

对于泥沙输运模型，可以分成推移质模型、悬移质模型和全沙模型。全沙模型是指同时考虑悬移质输移和推移质输移。在悬移质模型中又分为饱和输沙模型和非饱和输沙模型。当实际含沙量不等于水流挟沙力时为非饱和输沙模型。非饱和输沙模型更接近实际情况，应用更为灵活，已经获得了普遍的应用。针对目前水流挟沙力公式种类繁多的情况，国内学者舒安平（2008，2009）基于悬移质运动效率系数等泥沙悬浮能耗的概念建立了水流挟沙力统一结构式公式，并将现行的主要挟沙力公式统一于结构公式中。推移质运动的模拟一般用输沙率来描述。在泥沙运动力学的相关文献中，介绍了许多理论或经验的推移质输沙率公式（钱宁和万兆惠，1983）。但是限于当前的理论水平，用理论公式估算天然河流中推移质输沙率时，还有相当大的偏差。因此，在工程实践中，通常采用一些经验或半经验性的公式，这样的公式具有地区性和局限性。对于如何来选用这些公式，Yang（1988）提出了若干建议：对于有实测资料的，选用那些变量相同、范围一致、计算结果符合最好的公式；对于无实测资料的，可根据河流输沙特性来选择公式。

河床演变模型用来模拟由于泥沙运动而引起的水底地形的冲刷和淤积过程，一般是基于泥沙连续性方程建立的。在弯曲河道中首先存在与河道曲率无关的自由沙坝（交替沙坝、辫状沙坝）等成形淤积体（张瑞瑾等，2007）。Kuroki 和 Kishi（1984）对自由沙坝进行了稳定性分析，得到了自由沙坝产生的判别标准。另外，许多学者通过数值方法对这一过程进行了研究，如 Zhou（1997）通过耦合二维浅水模型、推移质输运模型和河床演变模型，在初始状态平整的顺直河道上成功模拟了交替沙坝和辫状沙坝的生成过程。受二次环流的影响，弯曲河道中床面形态最为显著的特征是沙坝（位于凸岸附近）与深槽（位于凹岸附近）的交错分布。如何在二维模型中体现出二次环流泥沙横向输运的影响是关键问题。为了揭示弯道中水流与床面的相互作用的内在机理，Blondeaux 和 Seminara（1985）考虑水沙耦合作用，建立了沙坝–河弯的统一理论。Johannesson 和 Parker（1989）增加了对流速沿垂线的分布（实际为准三维的水流运动方程），并将基本方程分解为与曲率无关的自由沙坝问题和与曲率相关的点沙坝问题，给出了河弯中流速、水深和床面地形的线性理论解，该理论体系较为完善，提出后被广泛应用于河弯运动过程的数值模拟，如 Howard 和 Knutson（1984）、Howard（1992）、Sun（1996）、Sun 等（2001）的相关研究。另外 Shimizu 和 Itakura（1989）单纯从二维的角度对冲积河道床面演变进行了数值模拟，其中二次环流的影响是通过引入 Hasegawa（1984）提出的横向输沙率公式进行考虑的，该模型只适用于由推移质输移引起的床面变形问题。国内学者钟德钰和张红武（2004）通过在泥沙运动基本方程中增加反映二次环流引起的横向输沙附加项，对平面二维水沙数学模型的悬移质、推移质输沙方程和河床变形过程进行了扩展，扩展后的水沙数学模型能够模拟横向环流输沙及由其引起的河床冲淤，该方法此后也得到广泛应用（钟德钰等，2009；闫立艳等，2009）。

对于弯曲河道的河岸演变问题，主要体现为河流凹岸的崩溃和凸岸的淤长。在弯曲河道中，由于水流对凹岸的直接冲顶、侧向冲刷及底部掏蚀作用，凹岸不断发生着侵蚀和崩塌。由于凸岸边滩的形成，凸岸也在淤长。目前最常用的方法就是将近岸流速与河岸侵蚀速率关联起来，即河岸侵蚀模型，来预测凹岸的运动。早期 Hickin 和 Nanson（1975）将弯曲河流凹岸法线移动速度与弯道曲率联系起来，能够比较方便地计算弯道的横向弯曲发展，但是不能预测河弯向下游的迁移。Ikeda 等（1981）采用河岸侵蚀速率与近岸摄动流速成比例的线性河岸侵蚀模型，具有清晰合理的物理背景，被广泛应用于河弯理论中，如 Blondeaux 和 Seminara（1985）、Odgaard（1986）等的相关研究。另外，还有从土坡稳定性出发建立的针对黏性和非黏性土质的河岸侵蚀模型，如 Rodríguez 和 García（2000）、Chitale（2003）、Chen 和 Duan（2006）的模型，具有对河岸崩塌更为细致的力学描述。因此，从土力学角度并结合水动力条件研究河岸侵蚀和河岸崩塌更能把握过程本质，更具有物理上的科学性。

目前，对弯曲河道的水沙动力过程的模拟正在向深层次、综合化和定量化方向发展。夏军强和王光谦（2002）平面二维水沙数学模型和黏性河岸的冲刷模型相结合，模拟了弯曲河道内的水流运动及河床与河岸变形，但没有考虑二次环流和河岸崩塌对水流和泥沙运动的影响。钟德钰和张红武（2004）建立了考虑横向环流输沙及河岸变形的平面二维扩展数学模型，其中塌岸模式借助了关于边坡稳定性理论中的圆弧滑动法，但该研究局限于典型算例的模拟且崩塌土体采用简单的平铺方法来处理，并没有考虑进入悬沙的部分。钟德钰等（2009）引入适合游荡型河流的塌岸模式及局部动网格和网格融合技术，解决了河岸变形模拟和河道整治工程导致网格再生、床沙级配变化模拟等关键问题，但模型没有考虑推移质泥沙输运的影响及崩塌土体对水流和悬沙的影响。

整体而言，关于弯曲河道塌岸泥沙输移与河槽冲淤过程还依然不清晰，在已经开展的相关工作中，大多成果偏重于单方面的水沙运动或河岸侵蚀，无论从作用机理上还是从宏观规律上其探讨都存在较大的不足，仍需开展系统深入的研究。

13.2　基于 Boltzmann 方法的水动力学模型

13.2.1　二维浅水流数学模型

浅水方程是浅水流（图 13-1）的宏观数学表达，是对实际三维水流的近似，该近似成立的基本前提假设是水流沿水深方向的加速度可以忽略，即水流沿水深方向符合静水压强分布。现实中能作为浅水流处理的水流一般具有以下特征：①拥有自由表面,水面渐变且坡度较缓。②水深相对较浅。此处水深的深浅不是根据水深的绝对值进行判断的，而是依据水深与水流波长之比进行区分。例如，在水深比较大的大陆架近海，因风场、气压场、潮汐波的波长非常大，仍然可以作为浅水流处理。③无明显垂直环流。符合以上特征的水流非常普遍，如浅水湖的自由面流动、宽河道流动、河口和粗糙海岸区域上潮汐、水库和明渠流动等。

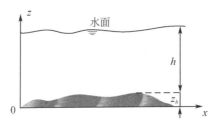

图 13-1   浅水流示意图

将不可压 N-S 方程的沿水深积分再平均即可得到二维平面浅水方程，直角坐标系下其张量形式：

$$\frac{\partial h}{\partial t}+\frac{\partial(hu_j)}{(\partial x_j)}=0 \tag{13-1}$$

$$\frac{\partial(hu_i)}{\partial t}+\frac{\partial(hu_iu_j)}{\partial x_j}=-\frac{\partial}{\partial x_i}\left(\frac{h^2}{2}\right)+v\frac{\partial^2(hu_i)}{\partial x_j\partial x_j}+F_i \tag{13-2}$$

式中，下标 i，j 指示空间方向并且满足爱因斯坦求和约定；h 为水深；t 为时间；v 为运动黏滞系数；x_j 满足笛卡儿直角坐标系；u_i 为 i 方向的速度。

F_i 被称为外力项，其具体形式为

$$F_i=-gh\frac{\partial z_b}{\partial x_i}+\frac{\tau_{\omega i}}{\rho}-\frac{\tau b_i}{\rho}+E_i \tag{13-3}$$

其中右面第一项是重力项，z_b 为底部高程；ρ 是水的密度，如图 13-1 所示；

第二项中 τ_{ω_i} 为 i 方向风切应力：

$$\tau_{\omega i}=\rho_a C_\omega u_{\omega i}\sqrt{u_{\omega i}u_{\omega j}} \tag{13-4}$$

式中，ρ_a 为空气密度；C_ω 为拖曳系数；$u_{\omega i}$ 为 i 方向风速；

式（13-3）中右面第三项中 τ_{bi} 为 i 方向底部切应力：

$$\tau_{bi}=\rho C_b u_i\sqrt{u_ju_j} \tag{13-5}$$

其中，C_b 为底部摩擦系数，C_b 可以是常数也可以通过式（13-6）计算得到：

$$C_b=\frac{gn_b^2}{h^{\frac{1}{3}}} \tag{13-6}$$

式中，n_b 为曼宁系数；h 为水深。

式（13-3）中右面第四项 E_i 为科氏力，计算公式如下：

$$E_i=\begin{cases}f_c hv & i=x\\-f_c hu & j=y\end{cases} \tag{13-7}$$

13.2.2 浅水流的格子 Boltzmann 方法（LABSWE）

相对于传统的数值模拟方法，格子 Boltzmann 方法从更接近本质的角度阐释了流体运动的规律，不仅具有清晰的物理背景，而且具有诸如边界条件处理简单、易于进行计算和编程、精度高等一系列优点，尤其适合于不规则地形下的复杂流体运动的模拟。作为一种新兴的数值方法，其在理论和应用方面的研究正受到国内外学者越来越多的关注。白洋淀地形和边界条件都相当复杂，且受到地形数据不易获取的限制，真正从水动力学的角度对白洋淀区内水环境进行模拟的研究到目前为止还是非常少的。格子 Boltzmann 方法是基于统计物理，以极其简单的形式描述了粒子的微观行为，并在宏观上反映了流体的运动。该方法由三部分组成：格子 Boltzmann 方程、格子样式和局部平衡分布函数。前面两部分是标准的，对于任何流动形式的流体都是一样的；最后一部分是决定我们通过该方法能解决怎样的动力学方程，即一组局部平衡分布函数对应一组待求解的流体动力学方程，而微观上的局部平衡分布函数必须首先由宏观量求得。

格子 Boltzmann 方法中假想的微粒只包含两个运动过程：迁移和碰撞。首先是迁移过程，这一步中，微粒从一个格点沿着它的速度方向运动到相邻的格点，对应的控制方程如下：

$$f_\alpha(x+e_\alpha\Delta t, t+\Delta t) = f'_\alpha(x,t) + \frac{\Delta t}{N_\alpha e^2 F_i} e_{\alpha i} F_i \tag{13-8}$$

式中，f_α 为粒子分布函数；f'_α 为粒子迁移前的分布函数；$e=\Delta x/\Delta t$，Δx 为格子大小；Δt 为时间步长；e_α 为粒子在 α 链接上的速度向量；N_α 为常数，由格子样式来决定，计算公式如下：

$$N_\alpha = \frac{1}{e^2} \sum_\alpha e_{\alpha i} e_{\alpha i} \tag{13-9}$$

在碰撞过程中，同一格点上的粒子相互作用，依据散射定理改变各自的速度方向，相应的控制方程如下：

$$f'_\alpha(x,t) = f_\alpha(x,t) + \Omega_\alpha[f_\alpha(x,t)] \tag{13-10}$$

其中碰撞算子 Ω_α 控制碰撞过程中粒子的速度改变。理论上，碰撞算子 Ω_α 由微观动力学决定，具有指数复杂性。后来一些研究者在简化碰撞算子方面做了很多工作，通过引入局部平衡分布函数，最终提出 BGK 模型碰撞算子，具体形式如下：

$$\Omega_\alpha(f) = -\frac{1}{\tau}(f_\alpha - f_\alpha^{eq}) \tag{13-11}$$

式中，f_a^{eq} 为局部平衡分布函数；τ 为单个弛豫时间。

其实质就是认为粒子通过碰撞都会向其平衡状态靠近，用一个时间松弛系数来控制不同粒子靠近各自平衡态的快慢，从而代替碰撞项，实现了碰撞过程的大大简化。

综合以上迁移过程和碰撞过程，得到格子 Boltzmann 方程：

$$f_\alpha(x+e_\alpha\Delta t,t+\Delta t)-f_\alpha(x,t)=-\frac{1}{\tau}(f_\alpha-f_\alpha^{eq})+\frac{\Delta t}{N\alpha e^2}e_{\alpha i}F_i \qquad (13\text{-}12)$$

式（13-12）便是目前应用最为广泛的格子 Boltzmann 方程。

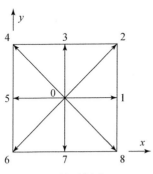

图 13-2　格子样式：$D2Q9$

格子样式在格子 Boltzmann 方法中起着两个重要的作用，给出网格节点和决定粒子的运动。前者发挥的作用和传统的数值模拟中的网格作用是一样的，即在空间和时间上的离散作用；后者则在分子动力学上定义了一个微观模型。另外常数 N_α 是根据格子样式确定的。

对于二维的情形，基本上有两种格子样式：方格和六边形网格。其中方格可以允许的网格节点上的速度方向的个数是 4 个、5 个、8 个或者 9 个，而六边形允许的个数是 6 个和 7 个。方格的对称性对格子 Boltzmann 方程能否恢复到正确的流体方程至关重要，然而并不是所有的方格样式都有足够的对称性。理论分析和数值研究表明，拥有 9 个速度方向的方格具有足够的对称性，即 $D2Q9$（图 13-2）（其中 D 指维数，Q 指粒子运动方向的总数），这种格子样式被广泛应用在格子 Boltzmann 方法中。

在 $D2Q9$ 的格子样式中，整个流场被剖分成正方形网格，每个节点与周围 8 个节点相邻。加上自身，粒子共有 9 个运动方向，所有 9 个方向上的速度矢量构成一个速度集合 e_α。具体如下：

$$e_\alpha=\begin{cases}(0,0), & \alpha=0 \\[2mm] e\left[\cos\dfrac{(\alpha-1)\pi}{4},\sin\dfrac{(\alpha-1)\pi}{4}\right], & \alpha=1,3,5,7 \\[2mm] \sqrt{2}e\left[\cos\dfrac{(\alpha-1)\pi}{4},\sin\dfrac{(\alpha-1)\pi}{4}\right], & \alpha=2,4,6,8\end{cases} \qquad (13\text{-}13)$$

式（13-8）中的常数 N_α 是根据格子样式确定的，根据其计算式（13-9），可以得到

$$N_\alpha=\frac{1}{e^2}\sum e_{\alpha x}e_{\alpha x}=\frac{1}{e^2}\sum e_{\alpha y}e_{\alpha y}=6 \qquad (13\text{-}14)$$

进一步得到基于 $D2Q9$ 格子样式的格子 Boltzmann 方程：

$$f_\alpha(x+e_\alpha\Delta t,t+\Delta t)-f_\alpha(x,t)=-\frac{1}{\tau}[f_\alpha(x,t)-f_\alpha^{eq}(x,t)]+\frac{\Delta t}{6e^2}e_{\alpha i}F_i \qquad (13\text{-}15)$$

格子 Boltzmann 方程是 Boltzmann-BGK 方程的一种特殊离散形式。与传统方法相比，该方法除了在空间和时间上进行离散外，速度也依据格子样式进行了离散。格子 Boltzmann 方法包含两个过程，迁移过程和碰撞过程，其中迁移过程是消耗时间的，是一个时间累积过程，而碰撞过程是瞬时完成的，粒子速度的离散体现在迁移过程中。

局部平衡分布函数在格子 Boltzmann 方法中发挥着本质的作用。它决定了我们通过格子 Boltzmann 方程解决怎样的流动方程。为了应用格子 Boltzmann 方程解决前面提到的浅水方程，下面将推导合适的局部平衡分布函数。

在格子气自动机的理论中，局部平衡分布函数采用的是 Maxwell-Boltzmann 平衡分布方程的泰勒级数二阶精度展开，应用这一局部平衡分布函数只能将格子 Boltzmann 方程恢复到 N-S 方程，这大大限制了该方法解决其他流动方程的能力。为此，采用另一种更灵活的方法，假定局部平衡分布函数可以通过宏观速度的幂级数展开得到，即

$$f_\alpha^{eq} = A_\alpha + B_\alpha e_{\alpha i} u_i + C_\alpha e_{\alpha i} e_{\alpha j} u_i u_j + D_\alpha u_i u_i \tag{13-16}$$

此方法被证明是一般性方法，能成功解决各种流动问题。该平衡函数与 D2Q9 格子样式有相同的对称性，因此得到

$$A_1 = A_3 = A_5 = A_7 = \overline{A}, A_2 = A_4 = A_6 = A_8 = \widetilde{A} \tag{13-17}$$

同理于 B_α，C_α，D_α。

因此得到如下形式：

$$f_\alpha^{eq} = \begin{cases} A_0 + D_0 u_i u_i, & \alpha = 0 \\ \overline{A} + \overline{B} e_{\alpha i} u_i + \overline{C} e_{\alpha i} e_{\alpha j} u_i u_j + \overline{D} u_i u_i, & \alpha = 1,3,5,7 \\ \widetilde{A} + \widetilde{B} e_{\alpha i} u_i + \widetilde{C} e_{\alpha i} e_{\alpha j} u_i u_j + \widetilde{D} u_i u_i, & \alpha = 2,4,6,8 \end{cases} \tag{13-18}$$

通常式（13-18）中的系数可以通过约束条件确定，如平衡分布函数必须遵守质量守恒和动量守恒。对于求解沿水深平均的二维浅水方程，平衡分布函数必须满足如下三个条件：

$$\sum_\alpha f_\alpha^{eq}(x, t) = h(x, t) \tag{13-19}$$

$$\sum_\alpha e_{\alpha i} f_\alpha^{eq}(x, t) = h(x, t) u_i(x, t) \tag{13-20}$$

$$\sum_\alpha e_{\alpha i} e_{\alpha j} f_\alpha^{eq}(x, t) = \frac{1}{2} g h^2(x, t) \delta_{ij} + h(x, t) u_i(x, t) u_j(x, t) \tag{13-21}$$

如果局部平衡分布函数满足上述条件，那么求解格子 Boltzmann 方程的解就能够对应到前面浅水方程的解。

通过待定系数法，确定局部平衡分布方程中的各系数值。最终得到用于求解浅水方程的局部平衡分布函数：

$$f_\alpha^{eq} = \begin{cases} h - \dfrac{5gh^2}{6e^2} - \dfrac{2h}{3e^2}u_i u_i, & \alpha = 0 \\[2ex] \dfrac{gh^2}{6e^2} + \dfrac{h}{3e^2}e_{\alpha i}u_i + \dfrac{h}{2e^4}e_{\alpha i}e_{\alpha j}u_i u_j - \dfrac{h}{6e^2}u_i u_i, & \alpha = 1,3,5,7 \\[2ex] \dfrac{gh^2}{24e^2} + \dfrac{h}{12e^2}e_{\alpha i}u_i + \dfrac{h}{8e^4}e_{\alpha i}e_{\alpha j}u_i u_j - \dfrac{h}{24e^2}u_i u_i, & \alpha = 2,4,6,8 \end{cases} \quad (13\text{-}22)$$

求解二维浅水方程，需要得到的结果包括水深值和水平方向的速度值。这些宏观量的获取仅需要对粒子的分布函数 f_α 进行计算。

对格子 Boltzmann 方程分别进行零阶矩和一阶矩求和，并应用微观的连续性方程和动量方程，得到水深值和水平方向的速度值的计算公式：

$$h(x, t) = \sum_\alpha f_\alpha(x, t) \qquad (13\text{-}23)$$

$$u_i(x, t) = \frac{1}{h(x, t)} \sum_\alpha e_{\alpha i}f_\alpha(x, t) \qquad (13\text{-}24)$$

宏观量的得出是以微观量满足质量守恒和动量方程为前提的，这也说明了格子 Boltzmann 方法的准确性和守恒性。

为了进一步证明通过上述方法得到的宏观量的值就是二维浅水方程的解，对格子 Boltzmann 方程进行 Chapman-Enskog 展开（也称多尺度展开），得到二维浅水方程。即实现从微观方程到宏观方程的转化。

证明过程略，具体参见 Zhou（2004）。

结果表明，上述格子 Boltzmann 方程能够完全恢复到宏观的浅水方程。并且通过这一过程，得到了宏观量运动黏滞系数的计算公式，即其与微观量的联系：

$$v = \frac{e^2 \Delta t}{6}(2\tau - 1) \qquad (13\text{-}25)$$

13.2.3 干边界处理方法

基于浅水方程的格子 Boltzmann 方法数值理论研究计算水力学中干湿边界的处理。在自然界和水利工程中，浅水流都十分常见，如河流、湖泊和港口等。对浅水流的数值模拟方法很多，这些方法经常需要处理水流的干湿边界问题，即对水体与陆地等固体接触的边界处进行特殊处理，它不仅关系到计算域的判断，同样影响着网格划分加密等进一步精细模拟工作。已有的一些干湿边界处理方法有的使用非物理的线性外延，有的使用薄膜虚拟假设，均不可避免地在一定程度上增加了数值模型的误差，而且对浅水问题中至关重要的外力（如风应力、底面摩擦力等）考虑不足，容易造成结果的准确性下降，甚至得到失真的非物理模拟结果。为了克服现有方法的不足，本书提供一种处理干湿边界问题的新方法，该方法无需采用对水深和流速等变量的线性外延，也不基于薄膜假设，而且能够方便灵活地将外力作用引入模型并避免人为因素造成的物理失真。其公式为（Liu and Zhou, 2014）

$$f_\alpha = f_\alpha^{eq} + \Delta t \tau \left(\frac{1}{2e^2} e_\alpha F - e_\alpha \frac{\partial f_\alpha^{(0)}}{\partial_x} \right) \tag{13-26}$$

式中，f_α 为粒子分布函数；$e = \dfrac{\Delta x}{\Delta t}$，$\Delta x$ 为格子大小，Δt 为时间步长；e_α 为粒子在 α 链接上的速度向量；f_α^{eq} 为局部平衡分布函数；τ 为单个弛豫时间。

具体实施方式包含以下几步：

1）建立浅水方程的格子 Boltzmann 方法模型；

2）干湿边界网格单元的信息关联；

3）利用粒子分布计算干湿边界处的水深及流速。

现提供一个孤立波浪向岸边方向传播的算例。波高 H 与静水水深 h_0 的比为 $H/h_0 = 0.0185$，岸坡坡度为 $1/19.85$，无量纲化时间为 $t^* = t\sqrt{\dfrac{g}{h_0}}$（$t$ 为时间；g 为重力加速度），不计底面摩擦。其波浪爬坡与下落过程以水面随时间的变化展示。计算结果如表 13-1 和图 13-3 所示，和薄膜假设法及线性外延处理方法相比，运用本创新方法所得结果与实验数据拟合得更好。

表 13-1   三种计算方法在不同时间对水深的计算误差   （单位:%）

时间 t^*	薄膜假设法	线性外延法	本创新方法
35	1.73	1.73	1.72
50	6.75	3.68	1.84
70	7.67	2.65	2.43

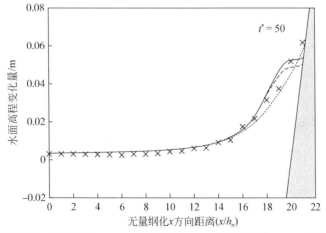

图 13-3   三种方法计算出的水面线与实验数据对比图

13.2.4 边界条件

边界条件非常重要，在传统的数值方法中，在边界处必须给定某种边界条件，诸如流量值、水位值或通量值，否则方程得不到闭合，模型就无法计算。对于格子 Boltzmann 方法，除了必要的时候像传统数值方法那样对边界处的宏观量进行约束外，更重要的是要处理微观量局部分布函数 f 在边界处的值。边界条件的设定对格子 Boltzmann 方法尤其重要，能够在很大程度上影响模型的稳定性和准确性（Succi，2001）。国内学者何雅等（2009）对格子 Boltzmann 方法的边界处理进行了归纳总结，依据处理格式的特性，将其分为启发式格式、动力学格式、外推格式及其他复杂边界的处理格式。其中启发式格式是依据流体运动的物理本质，通过定义微观粒子的运动规则来确定位于边界节点上的未知的粒子局部分布函数；动力学格式则是依据宏观物理量和微观量之间的对应关系，通过边界上已知的宏观量，直接求解未知的粒子局部分布函数；外推格式是将格子 Boltzmann 方法看作连续 Boltzmann 方程的一种特殊离散形式（即空间上迎风格式，时间上向前格式），通过借鉴传统流体力学中的边界处理方法来处理相应的边界，代表性的处理格式如 Guo 等（2002）提出的非平衡外推格式，在空间和时间上都具有二阶精度；复杂边界处理格式则基于上述多种格式，主要用于处理曲线边界，比较有代表性的如 Filippova 与 Hänel 格式（Filippova and Hänel，1998）及非平衡外推格式。比较而言，后两种处理格式相对复杂，前两种的处理方法虽然有一定的局限性，但是方法本身比较简单，应用也更为广泛，同时也体现了格子 Boltzmann 方法追求简洁的精髓。本书将在前两种的类别范围内讨论和应用相应的边界处理格式。

在水环境模拟的领域中，实际遇到的边界无外乎两种，固壁边界和开边界。其中固壁边界是指流体四周的或者流体内部的固体边界，开边界是指流体流入或者流出模型的地方，对于封闭的计算域则没有开边界。因此本节将依据边界类型进行讨论。

1. 固壁边界条件

本节讨论的固壁边界条件包括非滑移边界条件和滑移边界条件两种。其中非滑移边界一般对应的处理格式是反弹格式，滑移边界条件对应的一般是弹性碰撞格式，但是该格式的具体应用要区分顺直边界和曲边边界。下面将一一进行介绍，并且本书针对弹性碰撞格式在曲边边界的应用进行了改进。

（1）反弹格式

格子 Boltzmann 方法优于传统数值方法的很重要的一点就是其对复杂边界的处理能力，而这一能力很大程度上得力于其对非滑移边界的处理格式即反弹格式，使得即便是规则方格，该方法也能很方便地处理拥有非常复杂边界的情形，如多孔流。

反弹格式是目前格子 Boltzmann 方法应用最为广泛的固壁边界处理格式。其思想非常简单，就是对边界上的粒子做弹回处理，即朝固壁运动的粒子碰到固体边壁后原路返回到流体中，粒子的速度大小不发生变化。

如图 13-4 所示，边界处粒子的分布函数 f_6、f_7、f_8 及 f_1、f_5 可以通过内部流体粒子的迁移获得，而分布函数 f_2、f_3、f_4 是无法通过迁移步骤得到的，因此属于未知量。弹性碰撞格式的机理是对碰壁的粒子做反弹处理从而获得未知分布函数的量，因此未知的分布函数 f_2、f_3、f_4 可以通过式（13-27）得到：

$$f_2 = f_6, \quad f_3 = f_7, \quad f_4 = f_8 \tag{13-27}$$

通过式（13-27）可以看出，边界处粒子的运动经过反弹格式处理后，不仅垂直于壁面方向的动量为零，而且也使得平行于壁面方向的动量接近于零，尤其当固体壁面不是顺直边界的时候，即在 f_1 或者 f_5 方向上存在固体边界时，对 f_1 或者 f_5 也要应用反弹格式，此时粒子的动量在任何方向上都变为零。因此反弹格式是一种非滑移边界条件，而这一点是与实际相符的，现实中由于边壁的摩擦作用，靠近边壁的流体纵向速度是接近于零的。

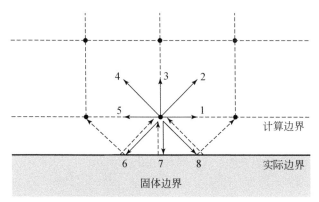

● 网格中心(粒子位置) ----- 网格中心线

图 13-4 反弹格式以及弹性碰撞格式示意图

反弹格式操作非常简单，而且能够严格保证系统的质量和动量守恒，但是精度却只有一阶，为了解决这个问题，Ziegler（1993）提出了半步长反弹格式，即从实际边界向流体内部推半个网格长度为模型的计算边界（图13-4），Ziegler认为通过这样处理获得的非滑移边界条件具有二阶精度。

（2）弹性碰撞格式

对于光滑的壁面，即壁面和流体之间没有摩擦作用或者摩擦作用很小，则通常采用弹性碰撞格式来实现自由滑移边界条件，有的文献中也称为镜面反射格式。其基本思想是：如图13-4所示，边界粒子的分布函数f_6、f_7、f_8并非像反弹格式中那样原路返回，而是以边界为镜面进行反射，因此未知的分布函数f_2、f_3、f_4可以通过式（13-28）得到：

$$f_2 = f_8, \quad f_3 = f_7, \quad f_4 = f_6 \tag{13-28}$$

通过式（13-28）可以看出，固体边界附近的粒子速度仅法向分量为零，而切线分量不是零，因此弹性碰撞格式可以很方便地实现滑移边界条件。

但是以上处理仅限于模型边界是顺直的情况，对于曲线边界及复杂的不规则边界，这种方法就不再适用了，这一缺陷，大大限制了弹性碰撞格式对实际问题的处理能力。针对这一问题，Zhou（2001）提出了一个非常有效的解决办法，即依据每段被网格线隔断的边界的斜率来进行归类，然后对每一类具体应用弹性碰撞格式。

如图13-5所示，图中正交实线是网格线，网格线将研究区在空间上离散成一个个的正方形网格，粒子假定位于网格中心位置，即图中虚线的交点处，称为网格节点。图中阴影部分是存在于流体中的固体障碍物。参照Quirk（1994）描述的方法找出固体边界线与网格线的交点，并用直线段按逆时针方向将各点连接起来，如图13-5中有向线段所示。此时模型中存在两类网格节点，分别是固体节点和流体节点（只有流体节点参与模型的计算）。为了应用边界条件，需要进一步从流体节点中划分出边界节点，即自身是流体节点但周围至少有一个固体节点与之相邻的网格节点。然后，依据各有向线段与水平方向间的夹角θ将边界节点分成四类，分别是：$0° < \theta \leq 90°$；$90° < \theta \leq 180°$；$180° < \theta \leq 270°$；$270° < \theta \leq 360°$。针对上面每一类再定义三个子类，如对于$0° < \theta \leq 90°$，可以进一步细分成如下三类：①$0° < \theta \leq \theta_0$；②$\theta_0 < \theta \leq 90° - \theta_0$；③$90° - \theta_0 < \theta \leq 90°$（图13-6）。其中$\theta_0$是特征角度，且$0° < \theta_0 < 45°$。

以$0° < \theta \leq 90°$情况下的三个子类为例，说明弹性碰撞格式对每个子类中的边界节点的具体实施措施。其他类别同理，在此不做赘述。

1）$0° < \theta \leq \theta_0$：如图13-5中$\overline{ab}$段边界，此类边界线可以按水平线处理，粒子运动的迁移过程结束后，未知分布函数f_7及可能未知的分布函数f_6、f_8的计算如下：

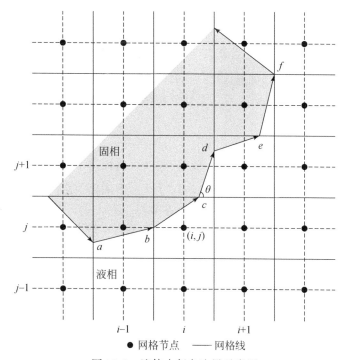

● 网格节点 —— 网格线

图 13-5 流体中复杂边界示意图

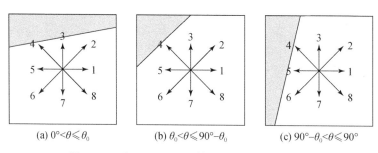

(a) $0° < \theta \leqslant \theta_0$ (b) $\theta_0 < \theta \leqslant 90° - \theta_0$ (c) $90° - \theta_0 < \theta \leqslant 90°$

图 13-6 对于 $0° < \theta \leqslant 90°$ 情况下三个子类示意图

$$\begin{cases} f_7 = f_3, & \\ f_6 = f_4, & \text{当节点 } (i+1, j+1) \text{ 为固体节点时} \\ f_8 = f_2, & \text{当节点 } (i-1, j+1) \text{ 为固体节点时} \end{cases} \quad (13\text{-}29)$$

2）$\theta_0 < \theta \leqslant 90° - \theta_0$：如图 13-5 中 $\overline{bc}$ 段边界，此类边界线可以看作与水平线成 45°的斜线处理，粒子运动的迁移过程结束后，未知分布函数 f_8 及可能未知的分布函数 f_1，f_7 的计算如下：

— 185 —

$$\begin{cases} f_8 = f_4, \\ f_7 = f_5, & \text{当节点 } (i,\ j+1) \text{ 为固体节点时} \\ f_1 = f_3, & \text{当节点 } (i-1,\ j) \text{ 为固体节点时} \end{cases} \tag{13-30}$$

3）$90° < \theta_0 < \theta \leqslant 90°$：如图 13-5 中 $\overline{ef}$ 段边界，此类边界线可以按照竖直线处理，粒子运动的迁移过程结束后，未知分布函数 f_1 及可能未知的分布函数 f_2、f_8 的计算如下：

$$\begin{cases} f_1 = f_5, \\ f_2 = f_4, & \text{当节点 } (i-1,\ j-1) \text{ 为固体节点时} \\ f_8 = f_6, & \text{当节点 } (i-1,\ j+1) \text{ 为固体节点时} \end{cases} \tag{13-31}$$

4）对于特殊情况，如图 13-5 中边界节点 $(i+1,\ j)$ 周围只有一个固体节点，因此它只有一个未知分布函数 f_8，此时，无论 θ 是多少，均可按照反弹格式处理，即 $f_8 = f_4$。

对于 θ_0 的取值，Zhou（2001）的研究表明，$15° \leqslant \theta_0 \leqslant 30°$ 都是可取的，在实际应用中，他推荐 θ_0 取 $20°$。

综上所述，Zhou 通过使用斜线边界代替锯齿状边界，使弹性碰撞格式能够在复杂边界或曲边边界上实现滑移边界条件。但是，这种方法需要追踪每一段被网格截断的边界，并判断这段边界的斜率，工作量比较大。可以将圆形划分成 8 个扇形区域（实质是按照边界大致走势进行划分的），特征角 $\theta_0 = 20°$，如图 13-7 所示。

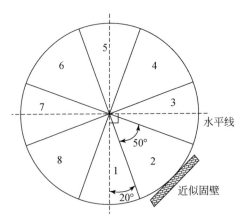

图 13-7　$\theta_0 = 20°$ 时标准圆的划分

对于每一部分，弹性碰撞格式都应用到相应的边界节点上。以图 13-7 中标号为 2 的部分举例说明，该区域的角度范围是 $\theta_0 < \theta < 90° - \theta_0$，粒子分布函数 f_8 是

未知的，而f_1、f_7也可能是未知的，依据弹性碰撞格式可以得到f_8=f_4，f_1=f_3，f_7=f_5。如果分布函数f_2或f_6同样未知，则这两个分布函数可以依据反弹格式进行处理。这种处理方法本质上与Zhou的方法（Zhou，2001）是等同的，但是应用起来更为简单。

对于边界是非标准圆形的问题或者在实际的水环境模拟中，也可以参照上述做法。在实际的水环境模拟中，边界往往没有一个特定的方程去描述，因此也不会存在图13-7中的曲线边界与网格线相交得到有向线段，依照本书中的方法，对边界节点按照区域（边界走势）划分，更简单实用。

2. 开边界条件

如图13-8所示，在模型的入流端和出流端均存在部分分布函数是不能通过内部粒子迁移得到的，属于未知量。因此，在出入端设定边界条件时除了给定宏观量的值，也要对微观的未知分布函数进行定义。对微观量的处理一般有两种方法。

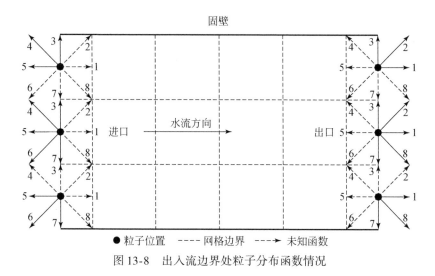

图13-8　出入流边界处粒子分布函数情况

第一种方法，在给定宏观量的值的前提下，假设出入流的零梯度边界条件是可行的，即

$$f_\alpha(1, j) = f_\alpha(2, j), \quad \alpha=1, 2, 8 \qquad (13\text{-}32)$$
$$f_\alpha(N_x, j) = f_\alpha(N_x-1, j), \quad \alpha=4, 5, 6 \qquad (13\text{-}33)$$

式中，N_x为在x方向的网格数。

第二种方法，如果出入流边界处的宏观量已知，如流速和水深，那么未知分布函数f_α可以通过微观量与宏观量之间的联系求得（Zou and He，1997）。

$$f_1+f_2+f_8+f_3+f_4+f_5+f_6+f_7+f_9=h \tag{13-34}$$

$$e(f_1+f_2+f_8)-e(f_4+f_5+f_6)=hu \tag{13-35}$$

$$e(f_2+f_4)-e(f_6+f_8)\ +ef_3+ef_7=hv \tag{13-36}$$

为使上述方程组封闭，假设边界处垂直于边界方向上的粒子分布函数的非平衡部分满足反弹格式，即 $f_1-f_1^{eq}=f_5-f_5^{eq}$。同时假设水平横向速度为零，则得

$$\begin{cases} f_1=f_5+\dfrac{2hu}{3e} \\[2mm] f_2=\dfrac{hu}{6e}+f_6+\dfrac{f_7-f_3}{2} \\[2mm] f_8=\dfrac{hu}{6e}+f_4+\dfrac{f_3-f_7}{2} \end{cases} \tag{13-37}$$

同理，可得出流处的边界处理格式：

$$\begin{cases} f_5=f_1-\dfrac{2hu}{3e} \\[2mm] f_4=-\dfrac{hu}{6e}+f_8+\dfrac{f_7-f_3}{2} \\[2mm] f_6=-\dfrac{hu}{6e}+f_2+\dfrac{f_3-f_7}{2} \end{cases} \tag{13-38}$$

第一种方法应用起来简单，但是边界的控制完全依靠宏观量，而第二种方法直接对微观量进行处理，使边界信息向流体内部传递时更直接，因此后者在处理边界条件时更有效率，尤其体现在进口边界上。但这两种方法都有一个缺陷，就是在水环境的实际模拟中，给定的入流边界条件一般是进口流量，很难知道进口边界处各部分的具体水深值和流速值，尤其对流速来说，其在入口端的分布并不是均匀的，而是中心流速最大，近岸流速最小，因此应用上述两种方法的前提是必须提前假定进口流速的分布，但在实际应用中，更多的处理办法是给定一个均一值，而这是与实际情况不符的。针对这一问题，为了改进第二种方法，Liu 等（2012）提出了一个基于入口流量的开边界处理格式，基本思路是：在对宏观量的处理上，入口处采用零梯度；微观上，具体措施如下：

$$\begin{cases} f_1=f_5+\dfrac{2hu}{3e} \\[2mm] f_2=\dfrac{hu+(Q_{in}-Q_c)/b}{6e}+f_6+\dfrac{f_7-f_3}{2} \\[2mm] f_8=\dfrac{hu+(Q_{in}-Q_c)/b}{6e}+f_4+\dfrac{f_3-f_7}{2} \end{cases} \tag{13-39}$$

式中，Q_{in} 为给定入口流量值；Q_c 为根据模型当前的水深和流速值计算得到的入口流量值；b 为入口宽度。这里同样给出了对出口边界的处理格式，数值测试结

果表明这种方法能够准确的构造出出口边界附近的流速分布。在本书的研究中，入口采用 Liu 等（2012）提出的处理格式，出口配以"宏观上赋水深值，微观上零梯度"的处理格式，能够得到很好的效果。

13.2.5 求解步骤

在应用格子 Boltzmann 方法求解宏观物理问题时，最关键的一步是针对既定问题推导出局部平衡分布函数，有了正确的局部平衡分布函数，就可以应用格子 Boltzmann 方法进行模拟了。不同于传统数值方法，格子 Boltzmann 方法中的大部分难题在建立数学模型的过程中基本上都得到解决了，其模拟过程相对简单，主要包含以下步骤：

1）为宏观量赋初始值。

2）计算局部平衡分布函数（在第一次迭代中，可以让分布函数值等于局部平衡分布函数值）。

3）进行迁移碰撞过程，更新分布函数的值。

4）应用边界条件，对边界处的分布函数或宏观量进行约束。

5）依据更新的分布函数，计算各节点的宏观量。

6）依据更新完成的宏观量，计算局部平衡分布函数，并进入第 2 步骤中，依次循环，直至稳态问题达到稳定状态或者瞬时问题进行到所需时间步。

13.2.6 多块网格

相对于单一均匀网格，多块网格技术使得格子 Boltzmann 方法在处理具有复杂边界的问题时拥有更好的灵活性。但采用多块网格技术的同时也带来了一个问题，即如何在网格间进行信息的传递。Filippova 和 Hänel（1998）最早针对格子 Boltzmann 方法提出了具有二阶精度的局部网格加密技术，这一技术奠定了后期多块网格发展的理论基础，但是当 $\tau = 1$ 时，该方法出现奇异点。后来 Dupuis 和 Chopard（2003）将不同网格间信息传递的过程从碰撞后挪到碰撞前进行，巧妙地解决了这一问题。

（1）LABSWE 方法的多块网格技术

对于多块网格技术，不管网格间尺寸如何变化，粒子的速度应该是保持不变的，这就要求时间步长要依据格子大小变化做出相应的调整。另外关键的问题是要确保不同尺寸的网格间的物理量的连续性和守恒性。

为了保证黏度不变，不同尺寸网格下的单个松弛时间必须满足如下限定：

$$\tau_f = n_{\mathrm{ref}}\left(\tau_c - \frac{1}{2}\right) + \frac{1}{2} \tag{13-40}$$

式中，下标 c 和 f 分别代表粗网格和细网格上的物理量；n_{ref} 为粗细网格间尺寸比例。

根据 Dupuis 和 Chopard 格式（Dupuis and Chopard，2003），可知粒子分布函数在不同的网格界面间传输要满足如下的转换关系：

$$f_{\alpha,c}^{\mathrm{pre}} = f_\alpha^{\mathrm{eq}} + n_{\mathrm{ref}}\frac{\tau_{tc}}{\tau_f}(f_{\alpha,f}^{\mathrm{pre}} - f_\alpha^{\mathrm{eq}}) \tag{13-41}$$

$$f_{\alpha,f}^{\mathrm{pre}} = \ddot{f}_\alpha^{\mathrm{eq}} + \frac{\tau_{ef}}{n_{\mathrm{ref}}\tau_c}(\ddot{f}_{\alpha,c}^{\mathrm{pre}} - \ddot{f}_\alpha^{\mathrm{eq}}) \tag{13-42}$$

式中，$\ddot{f}$ 为 f 在空间和时间上的插值量；上标 pre 代表粒子碰撞前的量。

（2）LABADE^{2D} 方法的多块网格技术

通过查阅文献发现，相对于对流扩散问题，多块网格技术的研究大部分集中在水流计算上。本书将基于 $D2Q9$ 格子样式推导悬移质传输问题中的多块网格技术，即推导在不同尺寸格子上的变量的相互转化关系。

求解对流扩散问题的附带源项的格子 Boltzmann 方程：

$$g_\alpha(x + e_{g\alpha}\Delta t, t + \Delta t) - g_\alpha(x,t) = -\frac{1}{\tau_g}[g_\alpha(x,t) - g_\alpha^{\mathrm{eq}}(x,t)] + \frac{h\Delta t}{5}S_c \tag{13-43}$$

式中，g_α 为粒子局部分布函数；g_α^{eq} 为相应的局部平衡分布函数；τ_g 为单个弛豫时间；$e_{g\alpha}$ 为粒子速度，其具体计算公式取决于格子样式。

局部平衡分布函数决定了应用格子 Boltzmann 方法来解决怎样的物理问题，针对对流扩散问题，局部平衡分布函数必须满足以下约束条件：

$$\sum_\alpha g_\alpha^{\mathrm{eq}} = hc$$

$$\sum_\alpha e_{g\alpha i} g_\alpha^{\mathrm{eq}} = u_i hc$$

$$\sum_\alpha e_{g\alpha i} e_{g\alpha i} g_\alpha^{\mathrm{eq}} = \lambda_i e_x e_y hc\delta_{ij} \tag{13-44}$$

式中，λ_i 为在 i 方向上的物理扩散系数，无量纲量；δ_{ij} 为克罗内克符号。参考前面浅水流中局部平衡分布函数的推导过程，可以得到

$$g_\alpha^{\mathrm{eq}} = \begin{cases} \left(1 - \dfrac{\lambda_y e_x^2 + \lambda_x e_y^2}{e_x e_y}\right)hc, & a = 0 \\[3mm] \left(\dfrac{1}{2}\dfrac{e_y}{e_x}\lambda_x + \dfrac{e_{g\alpha i}u_i}{2e_x^z}\right)hc, & \alpha = 1 \text{ and } 3 \\[3mm] \left(\dfrac{1}{2}\dfrac{e_x}{e_y}\lambda_y + \dfrac{e_{g\alpha i}u_i}{2e_y^2}\right)hc, & a = 2 \text{ and } 4 \end{cases} \tag{13-45}$$

当 $\Delta x = \Delta y$，式（13-45）则变成基于正方形网格的局部平衡分布函数。

通过该过程，建立了宏观量和相应微观量的关系，如下

$$\lambda_i = \frac{D_i}{\Delta t\left(\tau_g - \frac{1}{2}\right)e_x e_y} \tag{13-46}$$

根据式（13-46），为了使悬移质扩散系数在粗细网格界面处保持恒定，有如下关系：

$$\lambda_t \Delta t_c\left(\tau_{gc} - \frac{1}{2}\right)e_x e_y = \lambda_i \Delta t_f\left(\tau_{gf} - \frac{1}{2}\right)e_x e_y \tag{13-47}$$

由于 e_x、e_y、λ_i 是不会随网格尺寸发生变化的，而且 $\Delta t_c = n_{\text{ref}}\Delta t_f$，所以得到

$$\tau_{gf} = n_{\text{ref}}\left(\tau_{gc} - \frac{1}{2}\right) + \frac{1}{2} \tag{13-48}$$

接下来，讨论粒子分布函数的转换关系。首先将粒子分布函数分解为平衡部分和非平衡部分：

$$g_\alpha = g_\alpha^{\text{eq}} + g_\alpha^{\text{neq}} \tag{13-49}$$

根据式（13-45），可以看出平衡部分 g_α^{eq} 是 c，u_i，e_i，λ_i 的函数，忽略离散误差，g_α^{eq} 是不随网格尺寸发生变化的。

假设 Δt 很小，对式（13-43）的左边部分在时空点 (x, t) 附近进行泰勒级数展开，得到

$$\Delta t\left(\frac{\partial}{\partial t} + e_{\alpha j}\frac{\partial}{\partial x_j}\right)g_\alpha + \frac{1}{2}\Delta t^2\left(\frac{\partial}{\partial t} + e_{\alpha j}\frac{\partial}{\partial x_j}\right)^2 g_\alpha + O(\Delta t^3) = -\frac{1}{\tau_g}(g_\alpha - g_\alpha^{\text{eq}}) + \frac{h\Delta t}{5}S_c$$

$$\tag{13-50}$$

通过幂级数展开，g_α 可以写成

$$g_\alpha = g_\alpha^{(0)} + \Delta t g_\alpha^{(1)} + \Delta t^2 g_\alpha^{(2)} + O(\Delta t^3) \tag{13-51}$$

将式（13-51）代入式（13-50），并分别取 Δt 的零阶矩和一阶矩，得

$$g_\alpha^{(0)} = g_\alpha^{\text{eq}} \tag{13-52}$$

$$\left(\frac{\partial}{\partial t} + e_{\alpha j}\frac{\partial}{\partial x_j}\right)g_\alpha^{(0)} = -\frac{1}{\tau_g}g_\alpha^{(1)} + \frac{h}{5}S_c \tag{13-53}$$

综合式（13-49）～式（13-52），很容易得到

$$g_\alpha^{\text{neq}} = \Delta t g_\alpha^{(1)} \tag{13-54}$$

将式（13-53）代入式（13-54），得到

$$g_\alpha^{\text{neq}} = -\Delta t \tau_g\left[\left(\frac{\partial}{\partial t} + e_{\alpha j}\frac{\partial}{\partial x_j}\right)g_\alpha^{\text{eq}} - \frac{h}{5}S_c\right] \tag{13-55}$$

式（13-54）表明，变量 g_α^{neq} 在不同尺寸的网格间传递时需要进行调整，因为 g_α^{eq} 是不依赖网格尺寸的，而 $\Delta t \tau_g$ 对网格大小是敏感的。所以不同网格上的非平衡

分布函数需要满足如下限定：

$$g_{\alpha,f}^{neq} = \frac{\Delta t_f \tau_g f}{\Delta \tau_c \tau_{gc}} g_{\alpha,c}^{neq} = \frac{\tau_{gf}}{n_{ref} \tau_{gc}} g_{\alpha,c}^{neq} \qquad (13\text{-}56)$$

进而得到

$$g_{\alpha,c}^{pre} = g_{\alpha}^{eq} + n_{ref} \frac{\tau_{gc}}{\tau_{gf}} \left[f_{\alpha,f}^{pre} - g_{\alpha}^{eq} \right] \qquad (13\text{-}57)$$

$$g_{\alpha,f}^{pre} = \ddot{g}_{\alpha}^{eq} + \frac{\tau_{gf}}{n_{ref} \tau_{gc}} \left[\ddot{g}_{\alpha,c}^{pre} - \ddot{g}_{\alpha}^{eq} \right] \qquad (13\text{-}58)$$

式（13-57）、式（13-58）便是微观变量分布函数在不同尺寸的网格间进行传递时需要遵循的转换公式，其形式与 LABSWE 方法的多块形式一样。

（3）网格结构

通过文献调研可知，网格结构主要集中在以下四种形式。第一种，粗网格涵盖整个计算域，在某些特定的区域叠加细网格（Filippova and Hänel, 1998），这种网格结构允许不同尺寸的网格上的信息双向传递；第二种，与第一种类似，但是网格上信息的传递是单向的，只是将粗网格上的信息作为边界条件传递给细网格，即只是细网格边界上的信息来自粗网格（Dupuis and Chopard, 2003；Lin and Lai, 2000；Zhao et al., 2007；Liu et al., 2010）；第三种，如图 13-9 所示，粗细网格并不覆盖整个计算域，也就是说粗细网格不是完全叠加到一起的，只是在边界处相互重叠，信息传递是双向的，彼此作为边界条件传递给对方网格（Yu et al., 2002）；第四种，类似于第三种，但是边界并不重叠（Liu et al., 2009）。

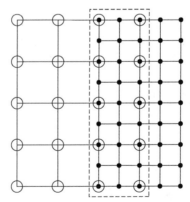

⌐--⌐ 重叠部分　○ 粗网格节点　● 细网格节点

图 13-9　粗细网格边界重叠示意图

比较以上网格结构，考虑到本书实际研究区的出入口十分狭窄，最多放置四个粗网格，如此数目少的网格在二维计算中将引起很大的误差，因此水流的模拟将采用第三种网格结构，即在出入口附近划分细网格，细网格的一边与粗网格的边界互相叠加。对于悬移质的模拟，采用第二种网格结构，这种结构有以下三个优点。第一，边界信息能够很快通过粗网格传递到整个计算域；第二，细网格的计算可以在任意时刻开始和终止；第三，细网格可以随意的整体移动，这样可以很方便地捕捉任意区域的细节。

为了测试上述格子 Boltzmann 模型的性能及准确性，依照研究区的实际特点，本章挑选了水动力和水质模拟方面的经典算例对模型进行了验证。

13.3　塌岸河段泥沙输移模型

13.3.1　悬移质输移模型

悬移质不平衡输沙模式采用赵连军和张红武（1999）提出的不平衡输沙理论。

$$\frac{\partial(hc)}{\partial t}+\frac{\partial(u_i hc)}{\partial x_i}=\frac{\partial}{\partial x_i}\left(\xi_i\frac{\partial(hc)}{\partial x_i}\right)+\frac{\alpha_* \omega_s K_s}{h}(hC_* -f_s hc) \tag{13-59}$$

式中，c 为含沙量；ξ_i 为泥沙扩散系数，暂取 $0.02\text{m}^2/\text{s}$；$\alpha_* =1$ 为平衡含沙量恢复系数；ω_s 为泥沙沉速，取 0.001m/s；K_s 为附加系数取 1，具体表述：K_s 主要与水流泥沙因子有关计算公式如下：

$$K_s=\frac{1}{2.65}\kappa^{4.5}\left[\frac{u_*^{1.5}}{u^{0.5}\omega_s}\right]^{1.14} \tag{13-60}$$

式中，u_* 为摩阻流速；u 为水流流速；ω_s 为泥沙沉速；κ 为卡门常数，计算如下：

$$\kappa=0.4\left[1-4.2\sqrt{C_v}\ (0.365-C_v)\right] \tag{13-61}$$

式中，C_v 为体积比含沙量。

f_s 为非饱和系数，与含沙量和水流挟沙力相关，计算公式如下：

$$f_s=\left[\frac{c}{C_*}\right]^{\left[\frac{0.1}{\arctan}\left(\frac{c}{C_*}\right)\right]} \tag{13-62}$$

式中，C_* 为饱和挟沙力，采用应用较广泛的张红武和张清（1992）挟沙力公式，假定二维水流挟沙力的计算与一维相同，如下：

$$C_*=2.5\left[\frac{(0.0022+C_v)u^3}{\kappa\frac{\rho_s-\rho_m}{\rho_m}gh\omega_s}\ln\left(\frac{h}{6d_{50}}\right)\right]^{0.62} \tag{13-63}$$

式中，ρ_s 为泥沙密度；ρ_m 为浑水密度；ω_s 为泥沙沉速；d_{50} 为泥沙的中值粒径；C_v 为体积比含沙量；u 为水流流速。

调试模型时，饱和挟沙力没有依据上述公式给，而是依据泥沙初始浓度来随意确定一个饱和挟沙力数值。

13.3.2　推移质输沙模型

推移质输沙率公式采用梅叶-彼得-穆勒（Meyer-Peter-Muller）公式。

$$\begin{cases} q_{bx} = 8 \dfrac{u}{|u|} \sqrt{\dfrac{\rho_s - \rho}{\rho} g d_s^3} \left(|\tau'_{*x}| - \tau_{*c} \right)^{\frac{3}{2}} & \text{当} |\tau'_{*x}| > \tau_{*c} \\ q_{by} = 8 \dfrac{v}{|v|} \sqrt{\dfrac{\rho_s - \rho}{\rho} g d_s^3} \left(|\tau'_{*y}| - \tau_{*c} \right)^{\frac{3}{2}} & \text{当} |\tau'_{*y}| > \tau_{*c} \end{cases} \tag{13-64}$$

式中，q_{bx}，q_{by} 分别为推移质在 x 方向和 y 方向上的单宽输沙；τ'_{*x}、τ'_{*y} 为粒子分别在 x 方向和 y 方向上受到的切应力，计算公式如下：

$$\begin{cases} \tau'_{*x} = \dfrac{R_h}{d_s} \left(\dfrac{n'_b}{n_m} \right)^{\frac{3}{2}} \left(\dfrac{\rho}{\rho_s - \rho} \right) J_{bx} \\ \tau'_{*y} = \dfrac{R_h}{d_s} \left(\dfrac{n'_b}{n_m} \right)^{\frac{3}{2}} \left(\dfrac{\rho}{\rho_s - \rho} \right) J_{by} \end{cases} \tag{13-65}$$

式中，J_{bx}，J_{by} 分别是河床底在 x 方向和 y 方向上的水力坡降。

13.3.3　河床冲淤变形模型

由悬移质引起的河床变形公式：

$$\gamma_0 \frac{\partial z_b}{\partial t} = \alpha_* \omega_s K_s \left(f_s c - C_* \right) \tag{13-66}$$

由推移质引起的河床变形公式：

$$(1 - \lambda) \frac{\partial z_b}{\partial t} = -\left(\frac{\partial q_{bx}}{\partial x} + \frac{\partial q_{by}}{\partial y} \right) \tag{13-67}$$

或者

$$\gamma_0 \frac{\partial z_b}{\partial t} = -\left(\frac{\partial q_{bx}}{\partial x} + \frac{\partial q_{by}}{\partial y} \right) \tag{13-68}$$

式中，γ_0 为泥沙干容重，t/m^3；λ 为泥沙孔隙率（porosity of bed material），缺省时取 0.4；泥沙干容重变化幅度比较大，介于 $0.3 \sim 2.1 t/m^3$，对于球形粒子，紧密排列的孔隙率只有 0.26，相应的干容重为 $1.96 t/m^3$，天然泥沙的稳定孔隙率为 0.4，相应的干容重为 1.59t/m³。

13.4 模型验证

13.4.1 水动力学模型验证

（1）顺直河道水动力模拟

顺直河道水流相对简单，但对其模拟的准确度依然依赖于进出口边界条件的设置。Shiono 等（1991）基于沿水深平均的涡黏度假设，建立了平面二维浅水的解析解，并被各国学者广泛用于模型校验。测试模型尺度长宽分别为 8m 和 0.8m，入口断面流量恒定为 0.0123m³/s，出口水深恒定为 0.05m。初始水深为 0.05m。数值模型利用 400×42 网格，当雷诺数 $Re \approx 4000$ 时单松弛因子 $\tau = 0.51$，Smagorinsky 系数 Cs=0.3。经过 28 000 次迭代循环，水流达到周期稳定。图 13-10 中比较了顺直河道中横断面的纵向流速分布，可见运用了研究中的方法后，流速分布更接近实测值。图 13-11 中比较了运用该方法前后，出入口处流量的变化情况。从图中可清晰地看到，该方法改进了出入口处流量的连续性，保持了流量的恒定。由图 13-12 可以清楚看出，基于本书中提出的出入口边界条件，水流过渡平稳且断面流量均一；而使用一般恒定边界控制条件则需要一段过渡区水流才能平稳。

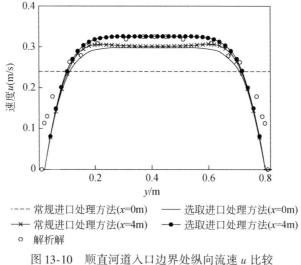

---- 常规进口处理方法(x=0m) —— 选取进口处理方法(x=0m)
—×— 常规进口处理方法(x=4m) —●— 选取进口处理方法(x=4m)
o 解析解

图 13-10 顺直河道入口边界处纵向流速 u 比较

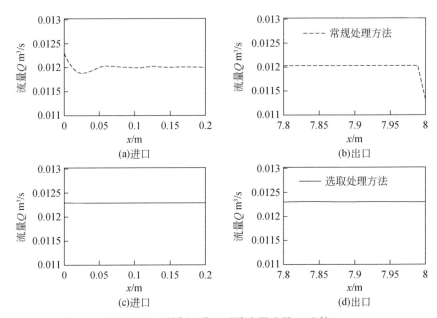

图 13-11　顺直河道上下游边界流量 Q 比较

注：x 指沿程方向。

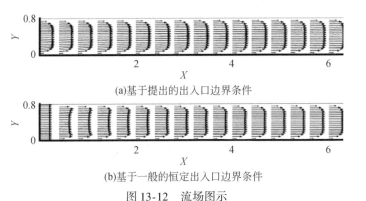

图 13-12　流场图示

注：X、Y 为平面坐标系中的 X 方向与 Y 方向。

（2）180°弯曲河道水动力模拟

180°大弯曲度河道水流是自然界河道，尤其是蜿蜒河道中，非常复杂却又非常典型的一种河道水流。为了方便比较，这个测试中的 180° 弯曲河道与 Rozovskii's（1961）实验中的 8 号测试模型参数保持一致。河道宽度恒定为 0.8m，弯道内径为 0.4m，河床平坦（图 13-13）。入口流量为 0.0123 m^3/s 且保持恒定。河床谢才系数为 32 m^2/s，河岸摩擦系数为 0.03。均一网格尺度分别为 600×300

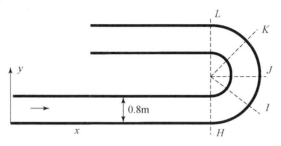

图 13-13   180°弯曲河道示意图

注：L、K、J、I、H 为断面。

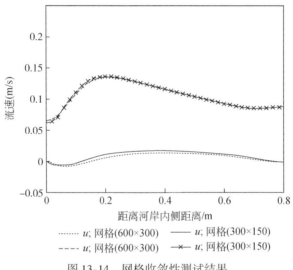

图 13-14   网格收敛性测试结果

网格和 300×150 网格。时间步长为 0.01s，单松弛因子 $\tau = 0.5001$。经过 6000 次循环，水流趋于稳定。图 13-14 展示了该算例的网格收敛性，可见两种网格结果相差并不明显。在 H、I、J、K、L 五个不同断面，基于滑移边界条件和非滑移边界条件结果，画出了切向流速分布曲线，并与实测数据进行了比较如图 13-15 所示，可见基于滑移边界条件的结果要更切合实际，其整体均方根误差约为 3.44%。有结果可见，当水流进入弯道，由于凹岸的阻碍，凸岸切向流速要大于凹岸切向流速。但流速峰值随着水流的推进逐渐向凹岸一侧移动。弯曲河道整体流场的结果如图 13-16 所示，可见水流在流出弯道后，在凸岸一侧形成了一定尺度的漩涡。

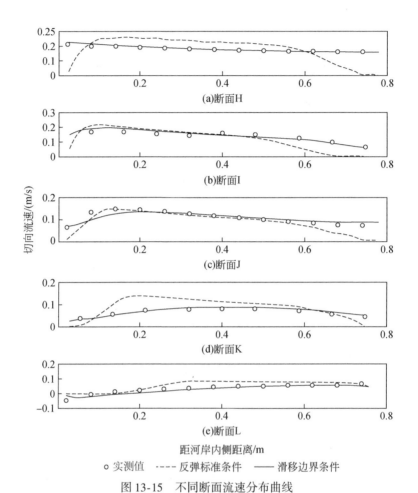

图 13-15 不同断面流速分布曲线

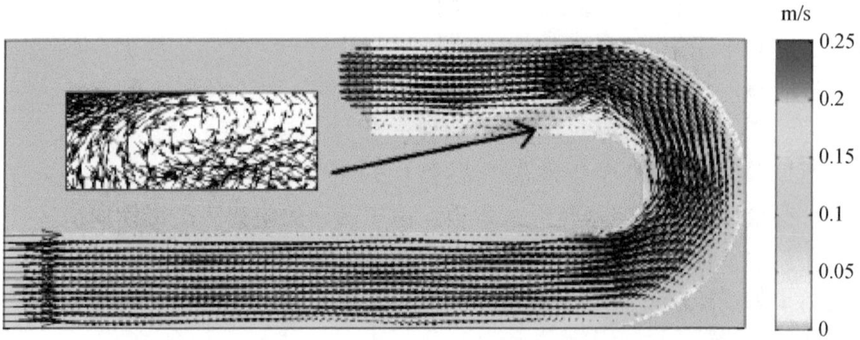

○ 实测值   ---- 反弹标准条件   —— 滑移边界条件

图 13-16 180°弯曲河道流场结果

13.4.2　弯曲河道塌岸泥沙输移模拟

该算例模拟 180°弯曲河道，假设塌岸位置为弯道凹岸一侧，如图 13-17
所示。

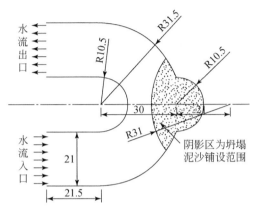

图 13-17　180°弯曲河道及塌岸示意图

注：尺寸单位为格子数，粒子位于格子中心。

（1）地形数据

模型边界如图 13-17 所示，其中尺寸的单位是格子数（无量纲），如进口宽
度（channel lateral lattice number，clln，弯道横向网格数）为 21，即表示进口在
横向上有 21 个格子，此时粒子是位于网格中心的。（本算例中网格大小为 $\mathrm{d}x =
\mathrm{d}y = 0.1\mathrm{m}$）

注：以下坐标都是以粒子所在位置为依据的。

内外弯半圆圆心：（clln+1，clln+（clln-1）/2+1）；

外弯凹陷半圆的圆心：（clln×2+（clln-1）/2，clln+（clln-1）/2+1）。

塌岸泥沙在床底的铺设通过被外弯边界所截断的部分圆锥体（或者椭圆锥
体）来描述，如图 13-17 中阴影部分所示。圆锥体的公式为

$$\frac{(x-x_0)^2}{a^2}+\frac{(y-y_0)^2}{b^2}=(z-z_0)^2 \tag{13-69}$$

式中，（x_0，y_0）为圆锥体的底圆圆心，设定为（clln×3+（clln-1）/2，clln+
（clln-1）/2+1）；z_0 为圆锥体顶点高度，设定为 0.1m；a=（3×clln-1）/2，b=
（3×clln-1）/2 分别为底圆长短半轴长度，二者相等时为圆半径。除图 13-17 中
阴影部分外，河床床底高程为零，即 $z_\mathrm{b}=0$。

（2）水流参数

初始条件：水深为 0.5m，水流静止；固壁边界条件：非滑移边界条件；入口边界条件：流量为 0.1m³/s；出口边界条件：固定水深为 0.5m；单松弛因子 τ 取 0.53，11 100 步后，模型稳定，流场如图 13-18 所示。

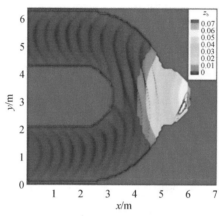

图 13-18   初始地形及流场分布

（3）泥沙及其他参数

所涉及的参数：泥沙密度 $\rho_s = 2650\text{kg/m}^3$；水的密度 $\rho = 1000\text{kg/m}^3$；重力加速度 $g = 9.81\text{m}^2/\text{s}$；泥沙粒径 $d_s = 0.005\text{m}$；粒子临界黏度 $\tau_{*c} = 0.047$；水力半径 $R_h = h$（h 为水深）；曼宁系数 $n_m = 0.02$。

（4）计算结果

1）悬移质输移过程如图 13-19 所示。

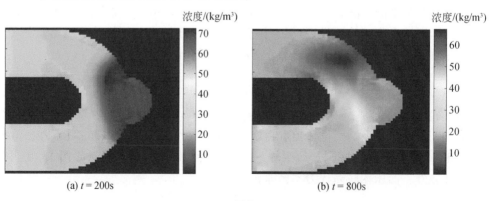

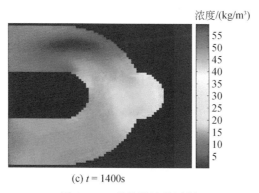

(c) $t = 1400\text{s}$

图 13-19　悬移质输移过程

2）河床变化如图 13-20 所示。

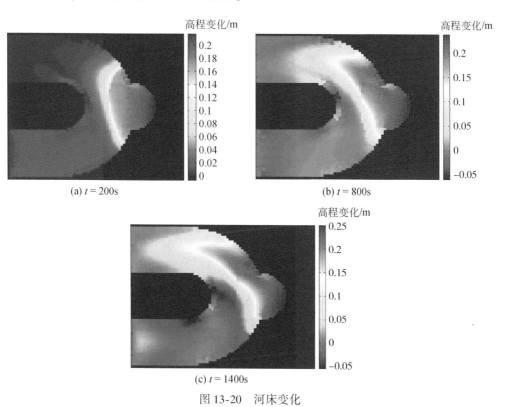

(a) $t = 200\text{s}$

(b) $t = 800\text{s}$

(c) $t = 1400\text{s}$

图 13-20　河床变化

3）考虑悬移质和推移质共同作用的河床变化如图 13-21 所示。

由图 13-18 中可以看出，在 180°弯曲河道，主流线方向变化剧烈，在二维平面转弯处形成翻转，在弯道出口处靠凸岸一侧水流速度最小，并且在窝崩塌岸处

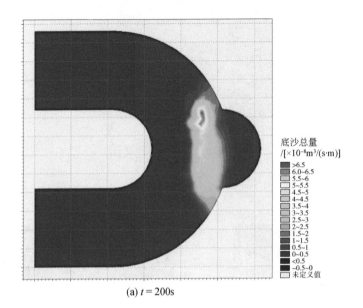

(a) $t = 200s$

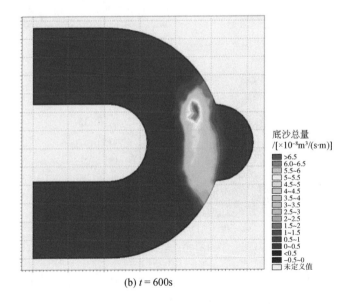

(b) $t = 600s$

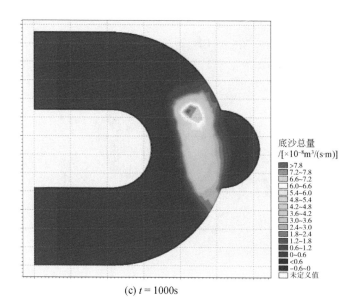

底沙总量
/[×10⁻⁸m³/(s·m)]

(c) t = 1000s

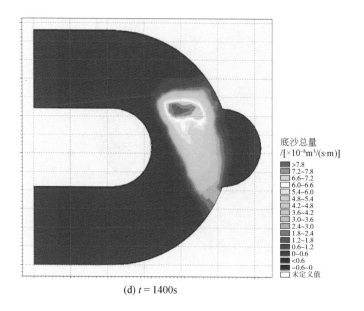

底沙总量
/[×10⁻⁸m³/(s·m)]

(d) t = 1400s

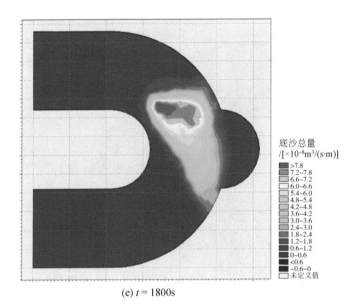

(e) $t = 1800$s

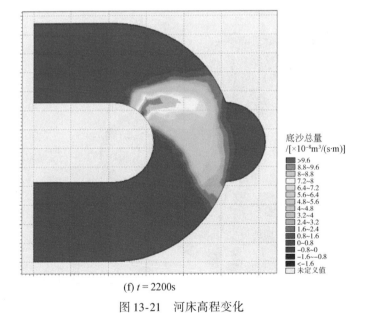

(f) $t = 2200$s

图 13-21　河床高程变化

形成局部漩涡。基于此流场所得到的悬移质输移及河床变形分别显示于图 13-19 和图 13-20。图中结果显示，悬沙运动与流场方向基本一致，向弯道出口方向移动，并由此造成河床变形。

图 13-21 中展示的是综合考虑推移质和悬移质共同作用所产生的河床高程变化。由图中可见，塌岸泥沙由河道凹岸逐渐向凸岸弯道出口方向移动，致使凸岸一侧高程增加，清楚地展示了弯曲河道凸岸堆积，凹岸冲刷的变化趋势。

通过采用数值模拟结果可以计算得出，塌岸泥沙量 $0.47m^3$ – 淤床泥沙量 $0.467m^3$ = 净值 $0.003m^3$，即约 0.64% 的塌岸泥沙被冲刷至下游河段，因此 $180°$ 弯曲河道冲淤基本平衡。

13.4.3 顺直河道塌岸泥沙输移模拟

（1）地形数据

模型边界如图 13-22 所示，其中尺寸的单位是格子数，如进口宽度（channel lateral lattice number，clln，顺直渠道横向网格数）为 21，即表示进口在横向上有 21 个格子，此时粒子是位于网格中心的。（本算例中网格大小为 $dx=dy=0.1$ m，河道可以适当延长）

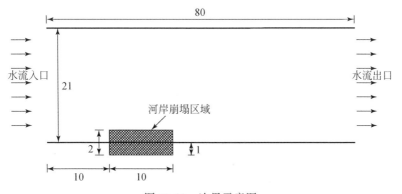

图 13-22 边界示意图

崩塌泥沙在床底铺设于阴影部分，泥沙厚度为 0.1 m。除图 13-18 中阴影部分外，河床床底高程为零，即 $z_b=0$。

（2）水流模拟

初始条件：水深为 0.5 m，水流静止；固壁边界条件：非滑移边界条件（反

弹格式）；入口边界条件：流量为 0.5 m³/s；出口边界条件：固定水深为 0.5 m

（3）顺直河道塌岸泥沙输移模拟结果（MIKE21 模型）

模拟稳定时塌岸下游横断面高程如图 13-23 和图 13-24 所示。可见塌岸泥沙经过水流冲刷，床沙主要积累于塌岸同侧下游河床附近，横向输沙范围较大但泥沙输移量较小。

利用数值模拟结果可以计算，塌岸泥沙量 0.029m³ –淤床泥沙量 0.022m³ =净值 0.007 m³，即约 24.1% 的塌岸泥沙随水流输移到下游河段（Fr≈0.12），因此顺直河道冲刷量相对较大。

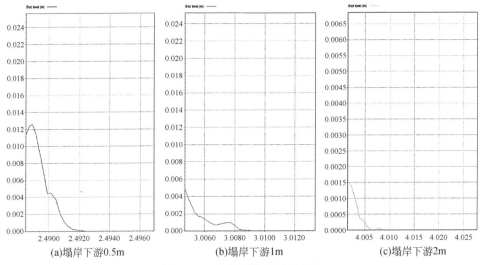

(a)塌岸下游0.5m　　(b)塌岸下游1m　　(c)塌岸下游2m

图 13-23　塌岸下游横断面高程

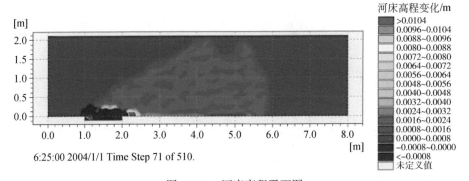

6:25:00 2004/1/1 Time Step 71 of 510.

图 13-24　河床高程平面图

参 考 文 献

曹龙熹，张科利，孔亚平，等.2010.公路建设对区域水资源影响程度评价方法研究——以綦江流域为例.资源科学，32（2）：290-295.

常温花，王平，侯素珍，等.2012.黄河宁蒙河段冲淤演变特点及趋势分析.水资源与水工程学报，04：145-147.

陈继光，关丽罡.1996.浅析黄河巴盟段冲淘崩岸严重增多原因.内蒙古水利，(4)：52-53.

陈希哲.2006.土力学地基基础.北京：清华大学出版社.

陈引川，彭海鹰.1985.长江下游大窝崩的发生及防护//水利部长江水利委员会.长江中下游护岸工程论文集.武汉：长江水利水电科学研究院，第三集：112-117.

段金曦，段文忠，朱矩蓉，等.2004.岸滩崩塌与稳定分析.武汉大学报（工学版），37（6）：17-21.

范小黎，王随继，冉立山.2010.河宁夏河段河道演变及其影响因素分析.水资源与水工程学报，21（1）：5-11.

范小黎，师长兴，周园园，等.2012.河宁蒙段洪水过程变化特点.资源科学，4（1）：65-73.

方建瑞，朱合华，蔡永昌.2007.边坡稳定性研究方法与进展.地下空间与工程学报.（2）：43-49.

冯国华，朝伦巴根，高瑞忠，等.2009.黄河内蒙古段防凌对策研究.水文，29（1）：47-49.

冯雨，余明辉，侯龙潭，等.2013.非粘性岸坡崩塌与河床冲淤的交互影响初步实验研究.水利发电学报，32（4）：120-125.

Fukuoka S. 1996.自然堤岸冲蚀过程的机理.赵渭军译.水利水电快报，(2)：29-33.

何雅，王勇，李庆.2009.格子Boltzmann方法的理论及应用.北京：科学出版社.

黑鹏飞，方红卫，陈稚聪，等.2013.数值切割单元法在河流数值模型中的应用前景展望.水利学报，44（2）：173-182.

黄本胜，白玉川，万艳春.2002.河岸崩塌机理的理论模式及其计算.水利学报，(9)：49-60.

黄金池.1997.黄河下游河床演变平面二维的数模型研究.北京：中国水利水电科学研究院博士学位论文.

黄景忠，刘华强.2007.土坡稳定分析之有限元法刍议.路基工程，(5)：69-71.

姬宝霖，吕忠义，申向东，等.2004.内蒙古达拉特旗十大孔兑综合治理方案研究.人民黄河，26：31-32，36.

假冬冬，张幸农，应强，等.2011.流滑型崩岸河岸侧蚀模式初探.水科学进展，22（6）：813-87.

假冬冬，黑鹏飞，邵学军，等.2014.分层岸滩侧蚀坍塌过程及其水动力响应模拟.水科学进展，25（1）：83-89.

焦居仁.2003.中国水土流失遥感成果与水保生态建设发展战略.中国水土保持，(7)：7-8.

冷魁.1993.长江中下游窝崩形成条件及防护措施初步研究.水利科学进展，(4)：281-287.

李宝璋.1992. 浅谈长江南京河段窝崩成因及防护. 人民长江, (11): 26-28.

李国敏, 余明辉, 陈曦, 等.2015. 均质土岸坡崩塌与河床冲淤交互过程实验. 水科学, 26 (1): 66-73.

刘韬, 张士锋, 刘苏峡.2007. 十大孔兑暴雨洪水产输沙关系初探——以西柳沟为例. Journal of Water Resources and Water Engineering, 18 (3): 18-21.

刘天翔, 许强, 黄润秋, 等.2006. 三峡库区塌岸预测评价方法初步研究. 成都理工大学学报, 33 (1): 76-83.

刘晓, 唐辉明, 刘瑜.2009. 基于集对分析的滑坡变形动态建模研究. 岩土力学, 30 (8): 2371-2378.

刘先勇, 袁长迎, 段宝福, 等.2002. SPSS 10.0 统计分析软件与应用. 北京: 国防工业出版社.

刘艳锋, 王莉.2010. BSTEM 模型的原理、功能模块及其应用研究. 中国水土保持, (10): 24-27.

刘志, 石自堂, 冯红春.2001. 崩岸规模的一种预测模型探讨. 中国农村水利水电, 5: 67-68.

马振兴, 魏源, 李均辉, 等.2002. 长江马湖大堤崩岸环境地质背景分析. 长江流域资源与环境, 11 (3): 284-290.

钱宁, 万兆惠.1983. 泥沙运动力学. 北京: 科学出版社.

钱宁, 张仁, 周志德.1989. 河床演变学. 北京: 科学出版社.

秦毅.2009. 黄河上游河流环境变化与河道响应机理及其调控策略——宁蒙河段为对象. 西安: 西安理工大学博士学位论文.

阙金生.2007. 三峡工程涪陵区水库塌岸非线性预测研究. 长春: 吉林大学博士学位论文.

邵学军, 王兴奎.2005. 河流动力学概论. 北京: 清华大学出版社.

师长兴.2010. 近五百多年来黄河宁蒙河段水沙沉积量的变化分析. 水沙研究, (5): 19-25.

史恒通, 王成华.2000. 土坡有限元稳定分析若干问题探讨. 岩土力学, 21 (2): 152-155.

舒安平.2009. 水流挟沙力公式的转化与统一. 水力学报, (1): 19-26.

舒安平, 高静, 段国胜, 等.2014a. 基于聚类法黄河上游宁蒙河段塌岸因子遴选及塌岸程度分级. 清华大学学报 (自然科学版), 54 (8): 1044-1048.

舒安平, 高静, 李芳华.2014b. 黄河上游宁蒙河段塌岸引起河道横向变化特征. 水科学进展, 25 (1): 77-82.

舒安平, 费祥俊.2008. 高含沙水流挟沙能力. 中国科学: 物理学·力学·天文学, (6): 653-667.

水利部长江水利委员会.1990. 长江流域综合利用规划简要报告.

宋岳, 段世委.2004. 官厅水库塌岸影响因素分析. 水利水电工程设计, 23 (1): 34-37.

苏晓慧.2013. 黄河宁蒙河段水沙变化特征分析. 郑州: 华北水利水电大学硕士学位论文.

孙东坡, 杨真真, 张立, 等.2011. 基于能量耗散关系的黄河内蒙段河床形态调整分析. 水利学进展, 22 (5): 653-661.

汤明高, 许强.2008. 基于层级分析法的三峡水库塌岸危险度评价. 人民长江, 39 (15): 10-13.

唐日长 . 2001. 荆江四口控制工程初步研究 . 长江科学院院报, 18 (2): 15-18.

唐日长, 贡炳生, 等 . 1987. 荆江大堤护岸工程初步分析研究 . 长江河道研究成果汇编 .

王党伟, 余明辉, 刘晓芳 . 2008. 冲积河流河岸冲刷展宽的力学机理及模拟 . 武汉大学学报
（工学版）, 41: 14-19.

王家云, 董光林 . 1998. 安徽省长江护岸工程损坏及崩岸原因分析 . 水利管理技术, (1):
62-64.

王随继 . 2008. 黄河流域河型转化现象初探 . 地理科学进展, 27 (2): 10-17.

王随继, 李玲 . 2014. 黄河银川平原段河岸摆动速率变化及原因 . 地理学报, 69 (3):
399-408.

王新宏 . 2000. 积河道纵向冲淤和横向变形数值模拟研究及应用 . 西安: 西安理工大学博士学
位论文 .

王延贵 . 2003. 冲击河流岸坡崩塌机理的理论分析及实验研究 . 北京: 中国水利水电科学研究
院博士学位论文 .

王延贵 . 2013. 河流岸滩挫落崩塌机理及其分析模式 . 水利水电科技进展, 33 (5): 21-25.

王延贵, 匡尚富 . 2005. 河岸淘刷及其对河岸崩塌的影响 . 中国水利水电科学研究院学报,
3 (4): 251-257.

王永 . 1999. 长江安徽段崩岸原因及治理措施分析 . 人民长江, 30 (10): 19-20.

王征亮 . 2005. 三峡库区长寿区库岸塌岸预测的可拓学研究 . 长春: 吉林大学硕士学位论文 .

吴敏, 向臻锋 . 2008. 土坡稳定分析各种方法的比较与讨论 . 山西建筑, 34 (19): 112-113.

吴松柏, 余明辉 . 2014. 冲积河流塌岸淤床交互作用过程与机理的实验研究 . 水利学报,
45 (5): 27-35.

吴玉华, 苏爱军, 崔政权, 等 . 1997. 江西省彭泽马湖堤崩岸原因分析 . 人民长江, 28 (4):
27-30.

夏军强, 王光谦 . 2002. 考虑河岸冲刷的弯曲水流及河床变形的数值模拟 . 水利学报纸,
33 (6): 60-66.

夏军强, 王光谦, 张红武, 等 . 2001. 河道横向展宽机理与模拟方法的研究综述 . 泥沙研究,
(6): 71-78.

夏军强, 王光谦, 吴保生 . 2002. 黄河下游的岸滩侵蚀 . 泥沙研究, 3: 14-21.

夏军强, 袁欣, 王光谦 . 2000. 冲积河道冲刷过程横向展宽的初步模拟 . 泥沙研究, 6: 16-24.

夏军强, 宗全利, 徐全喜, 等 . 2013. 下荆江二元结构河岸土体特性及崩塌机理 . 水科学进展,
24 (6): 811-820.

肖海波 . 2009. 考虑河流动力条件的土质库岸塌岸预测方法研究 . 北京: 中国地质大学（北
京）硕士学位论文 .

谢鉴衡 . 1989. 河床演变及整治 . 北京: 中国水利水电出版社 .

谢立全, 于玉贞, 单宏伟 . 2008. 水流对渗流的影响实验研究 . 水科学进展, 19 (4):
525-530.

谢罗峰 . 2009. 渗流作用下边坡稳定性研究 . 南京: 南京水利科学研究院硕士学位论文 .

谢月秋 . 2007. 长江中下游河道崩岸机理初析及崩岸治理 . 南京: 河海大学硕士学位论文 .

徐芳, 邓金运. 2005. 河道崩岸影响因子量化分析. 水运工程, 2 (2): 54-57.

徐俊, 徐光黎, 吴益平, 等. 2005. 信息量模型在塌岸灾害风险评价中的应用. 地质科技情报, 24 (s1): 202-206.

徐永年, 梁志勇, 王向东, 等. 2001. 长江九江河段河床演变与崩岸问题研究. 泥沙研究, (4): 41-46.

许传杰, 高宗军, 董红志, 等. 2013. 综合危险性指数法在东港区地质灾害易发区划分中的应用. 防灾科技学院学报, 20B, 15 (4): 61-67.

许栋, 白玉川, 谭燕, 等. 2011. 无黏性沙质床面上冲积河湾形成和演变规律自然模型实验研究. 水利学报, 42 (8): 918-927.

许炯心. 1983. 边界条件对水库下游河床演变的影响. 地理研究, (4): 60-71.

许树柏. 1988. 实用决策方法——层次分析法原理. 天津: 天津大学出版社.

闫立艳, 朱叶华, 刘晓琴. 2009. 长江中游石首河段崩岸数值模拟研究. 人民长江, 21: 12-15.

杨根生, 拓万全. 2004. 风沙对黄河内蒙古河段河道淤积泥沙的影响. 西北水电, 3: 44-49.

杨根生, 刘阳宜, 史培军. 1988. 黄河沿岸风成沙入黄沙量估算. 科学通报, 13: 1017-1021.

杨明. 2006. 基于 GIS 的河流动力模型及风险图制作应用研究. 天津: 天津大学博士学位论文.

尹国康. 1981. 长江下游岸坡变形//水利部长江水利委员会. 长江中下游护岸工程论文集. 武汉: 长江水利水电科学研究院.

余明辉, 段文忠, 窦身堂. 2008. 河道塌岸机理研究//湖北省水利学会. 纪念 1998 抗洪十周年学术研讨会优秀文集. 武汉: 湖北省水利学会.

余明辉, 邓银玲, 白静. 2010. 影响非黏性岸滩稳定坡度的机理研究. 水利学报, 41 (3): 356-360.

余明辉, 郭晓. 2014. 崩塌体水力输移与塌岸淤床交互影响实验. 水科学进展, 25 (5): 677-683.

余明辉, 魏江艳, 申康. 2013a. 岸坡水力冲刷失稳破坏过程及机理实验研究. 中国力学大会.

余明辉, 申康, 吴松柏, 等. 2013b. 水力冲刷过程中塌岸淤床交互影响实验. 水科学进展, 24 (5): 675-682.

余明辉, 申康, 张俊宏, 等. 2014. 黄河宁蒙河段河道岸滩特性及入黄泥沙来源初步分析. 泥沙研究, (4): 39-43.

余文畴. 2008. 长江中下游河道崩岸机理中的河床边界条件. 长江科学院院报, 25 (1): 8-11.

余文畴, 卢金友. 2005. 长江河道演变与治理. 北京: 中国水利水电出版社.

岳红艳, 余文畴. 2002. 长江河道崩岸机理. 人民长江, 33 (8): 20-22.

张春山, 张业成, 马寅生, 等. 2006. 区域地质灾害风险评价要素权值计算方法与应用. 水文地质工程地质. 33 (6): 84-88.

张芳枝, 陈晓平. 2009. 河流冲刷作用下堤岸稳定性研究进展. 水利水电科技进展, 29 (4): 84-88.

张红武. 1994. 黄河高含沙洪水模型的相似律. 郑州: 河南科学技术出版社.

张红武, 张清. 1992. 黄河水流挟沙力的计算公式. 人民黄河, (11): 7-9.

张红武,吕昕.1993.弯道水力学.北京:水利电力出版社.

张兰丁.2000.黏性泥沙起动流速的探讨.水动力学研究与进展,15(1):82-88.

张鹏,郑粉莉,王彬,等.2008.高精度 GPS、三维激光扫描和测针板三种测量技术监测沟蚀过程的对比研究.水土保持通报,28(5):11-15.

张瑞瑾,谢鉴衡,陈文彪,等.2007.河流动力学.武汉:武汉大学出版社.

张瑞瑾.1998.河流泥沙动力学.北京:中国水利水电出版社.

张文春,陈剑平,张丽.2010.基于人工神经网络的三峡库区丰都县水库塌岸预测.吉林大学学报,40(2):378-382.

张向东,包龙生,李大勇,等.2011.土力学.北京:人民交通出版社.

张幸农,蒋传丰,应强,等.2008a.江河崩岸问题研究综述.水利水电科技进展,28(3):80-83.

张幸农,蒋传丰,陈长英,等.2008b.江河崩岸的类型与特征.水利水电科技进展,28(5):66-70.

张幸农,陈长英,假冬冬,等.2014.渐进坍塌型崩岸的力学机制及模拟.水科学进展,25(2):246-252.

张幸农,蒋传丰,陈长英,等.2009a.江河崩岸的影响因素分析.河海大学学报,37(1):36-40.

张幸农,应强,陈长英,等.2009b.江河崩岸的概化模拟实验研究.水利学报,40(3):63-267.

张幸农,应强,陈长英.2007.长江中下游崩岸险情类型及预测预防.水利学报,增刊:246-250.

张业成,张春山,张梁,等.1993.中国地质灾害系统层次分析与综合灾度计算.中国地质科学院院报,(Z1):139-154.

张源沛,胡克林,李保国,等.2009.银川平原土壤盐分及盐渍土的空间分布格局.农业工程学报,(7):19-23.

张占锋,王勇智,王代.2005.边坡稳定分析法综述.西部探矿工程,(11):225-227.

赵连军,张红武.1999.冲积河流悬移质泥沙与床沙交换机理及计算方法研究.泥沙研究,(4):49-54.

赵渭军.1996.自然河岸冲蚀过程的机理.水利水电快报,(2):29-33.

郑颖人,唐晓松.2007.库水作用下的边(滑)坡稳定性分析.岩土工程学报,29(8):1115-1121.

志勇,尹学良.1991.冲积河流河床横向变形的初步数学模拟.泥沙研究,(4):76-81.

中国科学院地理研究所.1978.长江九江至河口段河床边界条件及其与崩岸的关系.武汉:科学出版社.

中华人民共和国水利部.2006.中国河流泥沙公报.北京:中国水利水电出版社.

钟德钰,杨明,丁赟.2008.黄河下游河岸横向变形数值模拟研究.人民黄河,30(11):07-109.

钟德钰,张红武,张俊华,等.2009.游荡型河流的平面二维水沙数学模型.水利学报,(9):

1040-1047.

钟德钰，张红武. 2004. 考虑环流横向输沙及河岸边形的平面二维扩展数学模型. 水利学报，
35（7）：14-20.

周建军，林秉南，王连祥. 1993. 平面二维泥沙数学模型的研究及应用. 水利学报，（11）：
10-19.

Amiri T E, Darby S E, Tosswell P. 2003. Bankstability analysis for predicting reach-scale land loss and
sediment yield. Journal of the American Water ResourcesAssociation, 39（4）：897-909.

Amiri-Tokaldany E , Darby S E, Tosswell P. 1970. Coupling bank stability and bed deformation models
to predict equilibrium bed topography in river bends. Journal of Hydraulic Engineering, 133（10）：
1167-1170.

Blondeaux P, Seminara G. 1985. A unified bar-bend theory of river meanders. Journal of Fluid
Mechanics, 157：449-470.

Boyd F E, Duane H S. 2002. River meandering dynamics. Physical Review E, 65：1-12.

Brasington J, Rumsby B T, Mcvey R A. 2000. Monitoring and modelling morphological change in a
braided gravel-bed river using high resolution GPS-based survey. Earth Suface Processes and
Landforms, 25（9）：973-990.

Bullard J E, McTainsh G H. 2003. Aeolian – fluvial interactions in dryland environments：examples,
concepts and Australia case study. Progress in Physical Geography, 27（4）：471-501.

Casagli N, Rinaldi M, Gargini A, et al. 1999. Pour water pressure and streambank stability：results
from a monitoring site on the sieve river, Italy. Earth Surface Processes and Landforms, 24（12）：
1095-1114.

Chang H H. 1979. Minimum stream power and river channel patterns. Journal of Hydrology, 41（3-4）：
303-327.

Chen D, Duan J G. 2006. Modeling width adjustment in meandering channels. Journal of Hydrology,
321：59-76.

Chen D, Jennifer G D. 2008. Case study：two-dimensional model simulation of channel migration
processes in West Jordan River, Utah. Journal of Hydraulic Engineering, ASCE, 134：315-327.

Chitale S V, Mosselman E, Laursen E M. 2000. River width adjustment I：processes and mecha-
nisms. Journal of Hydraulic Engineering, ASCE, 126（2）：881-902.

Chitale S V. 2003. Modeling for width adjustment in alluvial rivers. Journal of Hydraulic Engineering,
129（5）：404-407.

Darby S E, Thorne C R. 1996a. Development and testing of riverbank-stability analysis. Journal of
Hydraulic Engineering, 122（8）：443-454.

Darby S E, Thorne C R. 1996b. Numerical simulation ofwidening and bed deformation of straight
sand—bed rivers I：model development. Journal of Hydraulic Engineering, ASCE, 122（4）：
184-193.

Darby S E, Thorne C R. 1996c. Numerical simulation ofwidening and bed deformation of straight
sand—bed rivers II：model evaluation. Journal of Hydraulic Engineering, ASCE, 122（4）：

194-202.

Darby S E, Trieu H Q, Carling P A, et al. 2010. A physically based model to predict hydraulic erosion of fine-grained riverbanks: the role of form roughness in limiting erosion. Journal of Geophysical Research, 115 (F4), F04003.

Davis L, Harden C P. 2012. Factors contributing to bank stability in channelized, alluvial streams. River Research and Applications, 30 (1): 71-80.

Dellar P J. 2002. Non-hydrodynamic modes and a priori construction of shallow water lattice Boltzmann equations. Physical Review E, 65: 1-12.

Deng Z Q. 1999. Singh V P. Mechanism and conditions for change in channel pattern. Journal of Hydraulic Research, 187 (4): 465-478.

Dennis S. 1975. Application of the series truncation method to two-dimensional flows. Lecture Notes in Physics, 35: 138-143.

Dryer C R, Davis M K. 1910. The work done by Normal Brook in 13 years. Proceedings of the Indiana Academy of Science, 147-152.

Duan J G, Wang S Y. 2001. The applications of the en-chanced CCHE2D model to study the alluvial channel migration processes. Journal of Hydraulic Research, 39 (5): 469-780.

Duan J G. 2005. Analytical approach to calculate rate of bank erosion. Journal of Hydraulic Engineering, 131 (11): 980-990.

Duc B M, Rodi W, Wenka T. 2004. Numerical modeling of bed deformation in laboratory. Journal of Hydraulic Engineering, 130 (9): 894-904

Dupuis A, Chopard B. 2003. Theory and applications of an alternative lattice Boltzmann grid refinement algorithm. Physical Review E, 67 (06), 066707: 1-7.

Eardley A J. 1938. Yukon channel shifting. Geological Society of America Bulletin, 49: 343-357.

Emmanuel J G. 1998. Lateral migration and bank erosion in a saltmarsh tidal channel in San Francisco Bay, California. Coastal and Estuarine Research Federation, 21 (4): 745-753.

Fergusson J. 1863. On recent changes in the Delta of the Ganges. Quarterly Journal of the Geological Society of London, 19: 321-354.

Filippova O, Hänel D. 1998. Grid refinement for lattice-BGK models. Journal of Computational Physics, 147 (01): 219-228.

Greenway D R. 1987. Vegetation and Slope Stability. New York: Van Nostrand Reinhold.

Gregory K J, Walling D E. 1973. Drainage Basin Form and Process. London: Edward Arnold.

Grissinger E H. 1982. Bank Erosion of Cohesive Materials. London: John Wiley& Sons, Inc, hicheste.

Guo Z L, Zheng C G, Shi B C. 2002. An extrapolation method for boundary condition in lattice Boltzmann method. Physics of Fluids, 14 (06): 2007-2010.

Hack J T, Goodlett J C. 1960. Geomorphology and forest ecology of a mountain region in the central appalachians. Center for Integrated Data Analytics Wisconsin Science Center, 11.

Hagerty D J, Spoor M F, Kennedy J F. 1986. Interactive mechanisms of alluvial stream bank erosion. Third Int. Symposium on River Sedimentation, 1160-1168.

Hanson G J, Simon A. 2001. Erodibility of cohesive stream-beds in the Loess Area of the Midwestern USA. Hydrological Processes, (15): 23-38.

Hasegawa K. 1984. Hydraulic Research on Planimetric Forms, Bed Topographies and Flow in Alluvial Rivers. Sapporo: Hokkaido University Ph. D. thesis.

Hickin E J, Nanson G C. 1975. The character of channel migration on the BeattonRiver, northeast British Columbia, Canada. Bulletin of the Geological Society of America, 86: 487-494.

Hooke J M. 1979. An analysis of the processes of river bank erosion. Journal of Hydrology, 42 (1-2): 39-62.

Hooke R L. 1975. Distribution of sediment transport and shear stress in a meander bend . Journal of Geology, (83): 543- 565.

Howard A D, Knutson T R. 1984. Sufficient conditions for river meandering: a simulation approach. Water Resource Research, 20 (11): 1659-1667.

Howard A D. 1992. Modeling channel migration and floodplain development in meandering streams// Carling P A, Petts G E. Lowland Floodplain Rivers. New York: John Wiley & Sons: Chichester.

Hupp C R, Simon A. 1991. Bank accretion and the development of vegetated depositional surfaces along modified alluvial channels. Geomorphology, 4 (2): 111-124.

Ikeda S, Parker G, Sawai K. 1981. Bend theory of river meanders. Part 1. Linear development. Journal of Fluid Mechanics, 12: 363-377.

Ireland H A, Sharpe C F S, Eargle D H. 1939. Principles of gully erosion in the Piedmont of South Carolina. International Journal of Clinical Practice, 66 (10): 1009-1013.

Jamieson E C, Rennie C D, Townsend R D. 2012. Turbulence and vorticity in a laboratory channel bend at equilibrium clear- water scour with and without stream barbs. Journal of Hydraulic Engineering, ASCE, 139 (3): 259-268.

Jia D, Shao X, Wang H, et al. 2010. Three- dimensional modeling of bank erosion and morphological changers in the Shishou bend of the middle Yangtze River. Advances in Water Resources, 33: 348-360.

Johannesson H, Parker. 1989. Linear theory of river meanders. River Meandering// Ikeda S, Parker G. River Meandering Water Resources Monograph . Washington: American Geophysical Union.

Julian J P, Torres R. 2006. Hydraulic erosion of cohesive riverbanks. Geomorphology, 76 (1-2): 193-206.

Knighton A D. 1973. Riverbank erosion in relation to streamflow conditions, River Bollin- Dean, Cheshire. East Midland Geogr, 5 (8): 416-426.

Kronvang B, Andersen H E, Larsen S E, et al. 2013. Importance of bank erosion for sediment input, storage and export at the catchment scale . Journal of Soils and Sediment, 13 (1): 230-241.

Kummu M, Keskinen M, Varis O. 2008. Modern Myths of the Mekong a Critical Review of Water and Deve Lopment Loncepts, Principles and Policies. Helsinki University of Technology.

Kuroki M, Kishi T. 1984. Regime criteria on bars and braids in alluvial straight channels. Proc. of JSCE, 342: 87-96.

Langford R P. 1989. Fluvial-aeolian interactions: Part I modern systems. Sedimentology, (36): 1023-1035.

Lawler D M. 1986. River bank erosion and the influence of frost: a statistical examination. Transactions of the Institute of British Geographers, 11 (2): 227-242.

Lawler D M. 1989. Some new developments in erosion monitoring: the potential of optoelectronic techniques. School of Geography University of Birmingham Working Paper, 47: 44.

Leo C R. 1984. Sediment transport, PartI: bed Load Transport. Journal of Hydraulic Engineering, ASCE, 110 (10): 1431-1456.

Liggett A, Woolhiser A. 1967. Difference Solutions of the Shallow- Water Equation. Journal of the Engineering Mechanics Division, 8: 33.

Lin C L, Lai Y G. 2000. Lattice Boltzmann method on composite grids. Physical Review E, 62 (02): 2219-2225.

Liu H F, Zhou J G, Burrows R. 2012. Inlet and outlet boundary conditions for the Lattice- Boltzmann modelling of shallow water flows. Progress in Computational Fluid Dynamics, 12 (01): 11-18.

Liu H F, Zhou J G, Richard B. 2010. Lattice Boltzmann simulations of the transient shallow water flows. Advances in Water Resources, 33 (04): 387-396.

Liu H, Zhou J G, Burrows R. 2009. Multi- block lattice Boltzmann simulations of subcritical flow in open channel junctions. Computers & Fluid, 38 (6): 1108-1117.

Liu H, Zhou J G, Burrows R. 2011. Inlet and outlet boundary conditions for the lattice- Boltzmann modeling of shallow water flows. Progress in Computational Fluid Dynamics An International Journal, 1: 197-205.

Liu H, Zhou J G. 2014. Lattice Boltzmann approach to simulating a wetting- drying front in shallow flows. Journal of Fluid Mechanics, 743: 32-59.

Luppi L, Rinaldi M, Teruggi L, et al. 2009. Monitoring and numerical modeling of riverbank erosion processes: a case study along the Cecina River (central Italy). Earth Surface Processes and Landforms, 34 (4): 530-546.

Midgley T L, Fox G A, Heeren D M. 2012. Evaluation of the bank stability and toe erosion model (BSTEM) for predicting lateral retreaton composite streambanks. Geomorphology, (145- 146): 107-114.

Millar R G, Quick M C. 1993. Effect of bank stability on geometry of gravel rivers. Journal of Hydraulic Engineering, ASCE, 119 (12): 1143-1163.

Millar R G, Quick M C. 1998. Stable width and depth of gravel- bed riverswith cohesive banks, ASCE. Journal of Hydraulic Engineering, 124 (10): 1005-1013.

Nagata N, Hosoda T, Muramot Y. 2000. Numerical analysis of river channel processes with bank erosion. Journal of Hydraulic Engineering, ASCE, 126 (4): 243-251.

Nardi D, Rinaldi M, Solari L. 2012. An experimental investigation on mass failures occurring in a riverbank composed of sandy gravel. Geomorphology, 163-164 (9): 56-48.

Nasermoaddeli M H, Pasche E. 2008. Application of terrestrial 3D laser scanner in quantification of the riverbank erosion and deposition. Proceedings of River flow Cesme-Ismir, 3: 2407-2416.

Odgaard A J. 1986. Meander flow model I: development. Journal of Hydraulic Engineering, 12 (12):
  1117-1136.

Osman A M, Thorne C R. 1988. Riverbank stability analysis. I: theory. Journal of Hydraulic
  Engineering, ASCE, 114 (2): 134-150.

Papanicolaou A N, Elhakeem M, Hilldale R. 2007. Secondary current effects on cohesive river bank
  erosion. Water Resource Research, 43 (12): W12418.

Paul M, Sun T. 1996. A simulation model for meandering rivers and their associated sedimentary envi-
  ronments. Physica A, 233 (2): 606-508.

Pizzuto J E. 1990. Numerical simulation of gravel river widening. Water Resource Research, 26 (9):
  1971-1980.

Pizzuto J E. 1998. The ASCE Task Committee on Hydraulics, Bank Mechanics, Modeling of River
  Width Adjustment. River width adjustment I: Processes and Mechanisms. Journal of Hydraulic En-
  gineering, ASCE, 9: 881-902.

Pizzuto J. 2009. An empirical model of event scale cohesive bank profile evolution. Earth Surface
  Processes and Landforms, 34 (9): 1234-1244.

Posner A J, Duan J G. 2012. Simulating river meandering processes using stochastic bank erosion
  coefficient. Geomorphology, 163-164 (4): 26-36.

Praveen K T, Chalantika L, Aggarwal S P. 2012. River bank erision hazard study of river Ganga,
  upstream of Farakka barrage using remote sensing and GIS. Nat Hazards, 61: 967-987.

Quirk J J. 1994. An alternative to unstructured grids for computing gas-dynamic flows around arbitrarily
  complex two-dimensional bodies. Computers & Fluids, 23 (01): 125-142.

Rachel B, Lawrence D, Janet H. 1997. Use of terrestrial photogrammetry for monitoring and measuring
  bank erosion. Earth Surface Processes and Landforms, 22: 1217-1227.

Rodríguez J F, García M H. 2000. Bank erosion in meandering rivers. Joint Conference on Water
  Resources Engineering and Water Resources Planning & Management, 1: 1-9.

Salmon R. 1999. The lattice Boltzmann method as a basis for ocean circulation modeling. Journal of
  Marine Research, 57 (57): 503-535.

Shimizu Y, Itakura T. 1989. Calculation of bed variation in alluvial channels. Journal of Hydraulic Engi-
  neering, 115 (3): 367-384.

Shiono, Koji, knight, et al. 1991. Turbulent open-channel flows with variable depth across the chan-
  nel. Journal of Fluid Mechanics, 222 (-1): 617-646.

Shu A P, Fei X J. 2008. Sediment transport capacity of hyperconcentrated flow. Science in China Series
  G, 51 (8): 961-975.

Shu A P, Zhou X. 2016. Estimation for the riverbank collapse volume with sandy-riverbank in the
  desert reach of the upper Yellow River. 13th International Symposium on River Sedimentation (ISRS
  2016).

Shu A, Li F, Liu H, et al. 2016. Characteristics of particle size distributions for the collapsed
  riverbank along the desert reach of the upper yellow river. International Journal of Sediment

Research, 31 (4): 291-298.

Simon A, Hupp C R. 1987. Geomorphic and vegetative recovery processes along modified Tennessee streams: an interdisciplinary approach to distributed fluvial systems. Forest Hydrology and Watershed Management, 167: 251-262.

Simon A, Curini A, Darby S E, et al. 1999. Streambank Mechanics and the Role of Bank and Near-bank Processes in Incised Channels. Chichester: John Wiley & Sons, Ltd.

Simon A, Pollen- bankhead N, Mahacek V, et al. 2009. Quantifying reductions of mass- failure frequency nd sediment loadings from stream banks using toe protection and other means: lake ahoe, United States . Journal of the American Water Resources Association, 45 (1): 170-186.

Simons D B, Runming L. 1982. Bank Erosion on Regulated Rivers. Chichester: John Wiley & Sons, Ltd.

Starkel L, Thornes J B. 1981. Palaeohydrology of river basins. BGRG Technical Bulletin, 28: 07.

Stefano D, Massimo R. 2003. Mechanisms of riverbank failure along the Arno River, Central taly. Earth Surface Process and Landforms, 8 (12): 1303-1323.

Sterling J D, Chen S. 1996. Stability analysis of lattice Boltzmann methods. Journal of Computational Physics, 123 (01): 196-206.

Succi S, Filippova O, Smith G, et al. 2001. Applying the lattice Boltzmann equation to multiscale fluid problems. Lompating in Science and Engineering, 3 (6): 26-37.

Sun T, Meakin P, Sang T J. 2001. Meander migration and the lateral tilting of floodplains. Water Resource Research, 7 (5): 1485-1502.

Ta W Q, Jia X P, Wang H. 2013. Channel deposition induced by bank erosion in response to decreased flows in the sand-banked reach of the upstream Yellow River . Catena, 05: 62-68.

Thorne C R, Tovey N K. 1981. Stability of composite river banks. Earth Surface Processes and Landforms, 6: 469-484.

Thorne C R. 1982. Processes and mechanisms of river bank erosion//Hey R D, Bathurst J C, Thorne C R. Gravel Bed Rivers. New York: John Wiley & Sons, Inc.

Thorne C R, Osman A M. 1998. River bank stability analysis Ⅱ: Application . Journal of Hydraulic Engineering, 14 (2): 151-172.

Újvári G, Mentes G, BányaiL, et al. 2009. Evolution of a bank failure a long the River Danube at Dunaszekcsö, Hungary. Geomorphology, 109 (3): 197-209.

Vincenzo R. 2002. GPS monitoring and new data on slope movements in the Maratea Valley. Physics and Chemistry of the Earth, 27 (36): 1534-1544.

Walling D E. 1974. Suspended sediment and solute yields from a small catchment prior to urbanisation// Gregory K J, Walling D E. Fluvial Processes in Instrumented Watersheds. London: Institute of British Geographers.

Wolman M G. 1959. Factors influencing erosion of a cohensive river bank. American Journal of Science, 257: 204-216.

Yang C T, Song C C S. 1979. Theory of minimum rate of energy dissipation. Journal of Hydraulic, 105

（7）：769-784.

Yang C T. 1988. Sediment transport and unit stream power. Civil Engineering Practice, 5：265-289.

Yao Z Y, Ta W, Jia X P, et al. 2011. Bank erosion and accretion along the Ningxia-Inner Mongolia reaches of the Yellow River from 1958 to 2008. Geomorphology, 127：99-106.

Yu D, Mei R, Wei S. 2002. A Multi-block lattice Boltzmann method for viscous fluid flows. International Journal for Numerical Methods in Fluids, 39（02）：99 – 120.

Yu M H, Wei H Y, Liang Y J, et al. 2010. Study on the stability of non-cohesive river bank. International Journal of Sediment Research, 25（4）：391-398.

Yu M H, Wei H Y, Wu S B. 2015. Experimental study on the bank erosion and interaction with near-bank bed evolution due to fluvial hydraulic force . International Journal of Sediment Research, 30（1）：1-9.

Yu M, Wu S, Liu C, et al. 2016. Erosion of collapsed riverbank and interaction with channel. Proceedings of the Institution of Civil Engineers - Water Management.

Zhao Y, Qiu F, Fan Z, et al. 2007. Flow simulation with locally-refined LBM. Symposium on Interactive 3d Graphics, 181-188.

Zhong L, Feng S, Gao S. 2001. Wind-driven ocean circulation in shallow water lattice Boltzmann model. Adv Atmos Sci, 178：533-562.

Zhou J G. 1995. Velocity-depth coupling in shallow water flows. Journal of Hydraulic Engineering, 121（10）：717-24.

Zhou J G. 1997. A mathematical model for shallow water flows with sediment transport. University of Leeds.

Zhou J G. 2001. An elastic-collision scheme for lattice Boltzmann methods. International Journal of Modern Physics C, 12（03）：387-401.

Zhou J G. 2002. A lattice Boltzmann model for the shallow water equations. Computer Methods in Applied Mechanics & Engineering, 191（191）：3527-3539.

Zhou J G. 2004. Lattice Boltzmann Methods for Shallow Water Flows. Berlin：Springer.

Ziegler D P. 1993. Boundary condition for lattice Boltzmann simulations. Journal of Statistical Physics, 71（5-6）：1171-1177.

Zou Q, He X. 1997. On pressure and velocity boundary conditions for the lattice Boltzmann BGK model. Physics of Fluids, 9（06）：1591-1598.

附　图

1　河　东　沙　地

附图 1-1　汛前风力作用下的沙丘移动
到岸边出现沙丘滑塌（2015.4）

附图 1-2　汛前河道流量小，水位低，
河岸崩塌作用较弱（2014.5）

附图 1-3　汛中顺直河岸出现
大幅度崩塌（2011.7）

附图 1-4　汛中水位较高，表面滑移
现象严重（2013.8）

附图 1-5　汛末水位起伏变化引起
的河岸崩塌（2012.9）

附图 1-6　汛后河岸日趋
稳定（2013.10）

2 陶 乐

附图 2-1 汛前水位较低，坡脚
裸露（2014.5）

附图 2-2 汛初水位上涨，顺直河道
崩塌（2012.6）

附图 2-3 汛中坡脚侵蚀引起河岸
崩塌（2013.7）

附图 2-4 汛中河岸发生平面
崩塌（2013.7）

附图 2-5 汛后水位下降，水位变化
引起的崩塌（2011.9）

附图 2-6 汛后崩塌后呈现的岸边形态，
岸坡几乎垂直（2011.9）

3 乌海

附图3-1　汛前顺直河道崩塌（2011.5）

附图3-2　汛前弯曲河道（2011.5）

附图3-3　乌海汛中低岸顺直段块状
崩塌（2011.7）

附图3-4　乌海汛中高岸弯曲段
崩塌（2011.7）

附图3-5　乌海汛末低岸段崩塌（2011.9）

附图3-6　乌海汛末高岸段崩塌（2011.9）

4 刘拐沙头

附图 4-1 道路左侧为近河岸崩塌区，
右侧为风沙区（2014.5）

附图 4-2 道路左侧近河岸段
崩塌（2014.5）

5 碛 口

附图 5-1 汛前顺直河段崩塌（2011.5）

附图 5-2 汛前岸滩地段崩塌（2011.5）

附图 5-3 汛中弯曲段崩塌（2011.7）

附图 5-4 汛中岸滩段复合崩塌（2011.7）

附图 5-5　汛中农地段块状
崩塌（2011.7）

附图 5-6　汛中岸滩弯曲河道段
崩塌（2011.7）

附图 5-7　汛末平面崩塌典
型段（2011.9）

附图 5-8　汛末顺直段向日葵农地
平面崩塌（2011.9）

附图 5-9　汛末顺直河道的
崩塌（2011.9）

附图 5-10　汛后水位下降引起的
崩塌（2011.9）

6 毛不拉孔兑

附图 6-1　汛前水位低，河岸坡脚
裸露（2014.5）

附图 6-2　汛期岸滩农地段
崩塌（2014.7）

附图 6-3　汛中灌木丛段顺直河道
崩塌（2014.8）

附图 6-4　汛中灌木丛段弯曲河道
崩塌（2014.9）

附图 6-5　汛末向日葵农地因崩塌损失
严重（2014.9）

附图 6-6　汛后孔兑口处被淹没岸滩地裸露，
因水位变化引起部分崩塌（2013.10）

7 东 柳 沟

附图 7-1　凌汛引起的河道
崩塌（2015.3）

附图 7-2　凌汛后、夏汛前的河道
崩塌（2014.5）

附图 7-3　汛中顺直河道高河岸段塌岸
过程剧烈（2012.6）

附图 7-4　汛中弯曲河道岸滩农地段
崩塌过程（2013.7）

附图 7-5　夏汛后期流量减小、水位降低
岸滩农地段河岸崩塌（2011.9）

附图 7-6　汛后河道高岸段
塌岸（2013.10）

8 巡视河段塌岸监测过程

附图 8-1 哈什拉川入黄口主河道汛
中平面崩塌 (2011.8)

附图 8-2 哈什拉川入黄口主河道汛中
弯曲河道崩塌 (2011.8)

附图 8-3 卜尔色太沟入黄口主河道
崩塌 (2011.7)

附图 8-4 卜尔色太沟入黄口顺直河道
崩塌 (2011.7)

附图 8-5 罕台川入黄口支流
崩塌 (2011.8)

附图 8-6 西柳沟入黄口河道
块状崩塌 (2011.7)

9 差分 GPS 现场监测

附图 9-1 河东沙地 差分 GPS 仪器安置

附图 9-2 河东沙地 差分 GPS 现场测量

附图 9-3 陶乐 差分 GPS 基准选定

附图 9-4 陶乐 差分 GPS 现场测量

附图 9-5 毛不拉 差分 GPS 仪器安置

附图 9-6 毛不拉 差分 GPS 现场测量